探秘系列中药科普丛书

中国药学会、中国食品药品检定研究院 组织编写

探秘
金银花

马双成 总主编

林永强
康帅 主编

人民卫生出版社
·北 京·

　　马双成，博士，研究员，博士研究生导师。现任中国食品药品检定研究院中药民族药检定所所长、中药民族药检定首席专家，世界卫生组织（WHO）传统医药合作中心主任，国家药品监督管理局中药质量研究与评价重点实验室主任，《药物分析杂志》执行主编，国家科技部重点领域创新团队"中药质量与安全标准研究创新团队"负责人。先后主持"重大新药创制"专项、国家科技支撑计划、国家自然科学基金等 30 余项科研课题的研究工作。发表学术论文 380 余篇，其中 SCI 论文 100 余篇。主编著作 17 部，参编著作 16 部。2008 年享受国务院政府特殊津贴；2009 年获中国药学发展奖杰出青年学者奖（中药）；2012 年获中国药学发展奖食品药品质量检测技术奖突出成就奖；2013 年获第十四届吴阶平 - 保罗・杨森医学药学奖；2014 年入选"国家百千万人才工程"，并被授予"有突出贡献中青年专家"荣誉称号；2016 年入选第二批国家"万人计划"科技创新领军人才入选名单；2019 年第四届中国药学会 - 以岭生物医药创新奖；2020 年获"中国药学会最美科技工作者"荣誉称号。

　　林永强，博士，主任药师，山东中医药大学、山东大学、中国海洋大学研究生导师，山东省有突出贡献中青年专家，山东省食品药品检验研究院中药室主任，国家药品监督管理局胶类产品质量评价重点实验室主任、山东省中药标准创新与质量评价工程实验室主任。兼任山东省中药协会副会长、秘书长，中国药学会药物分析专业委员会委员，《药物分析杂志》与《中草药》杂志编委。参与国家科技重大专项等课题 10 余项，获山东省科技进步奖二等奖 2 项（前三）、三等奖 1 项（5/6），中国药学会和山东省药学会科学技术奖 10 项；发表论文 70 余篇，专著 5 部，获得国家专利 20 余项。近年所主持的山东省中药材和中药饮片炮制规范、山东省医疗机构制剂规范和山东省中药配方颗粒质量标准的研究工作，在研究中创新检验技术方法，大幅度提升了中药质量标准的数量和质量。

康帅，中国食品药品检定研究院副研究员，同时兼任中国中药协会中药数字化专业委员会秘书长。主要从事中药标本馆、中药鉴定、本草文献、中药数字化等方面的研究与工作。组织开展中国食品药品检定研究院中药民族药数字标本平台示范建设，参加国家重大科技专项、国家自然科学基金、国家中医药管理局、青海省科技厅以及香港卫生署等多项科研任务。

金银花是植物忍冬的花，初开为白色，后转为黄色，因此得名"金银花"。忍冬的药用历史悠久，现存最早记载忍冬的医学文献是晋代葛洪《肘后备急方》，"金银花"一名首次见于宋代《苏沈良方》。在药用部位上，最初主要以忍冬茎叶入药；明代时明确以花入药；清代时茎叶及花均入药，但尤其强调用花。目前，忍冬的茎、花分属两味中药，前者称"忍冬藤"，具有清热解毒、疏风通络的功效；后者称"金银花"，具有清热解毒、疏散风热的功效。特别是金银花，作为中医临床清热解毒的首选药物之一，在抗击严重急性呼吸综合征（SARS）与新型冠状病毒肺炎（COVID-19）疫情的过程中，发挥了重要作用。人们熟知的连花清瘟颗粒、银黄片、双黄连口服液等中成药都是以金银花为主要原料制成的。随着我国健康产业的蓬勃发展和人民生活水平的不断提高，金银花的用途也越来越广，涉及中药、保健食品、饮料、牙膏和化妆品等日用化工产品领域，金银花产业进入高质量发展的"快车道"。

为了使公众更加系统、全面地认识和了解金银花，笔者查阅大量相关书籍、专业期刊及网络资源等，咨询相关领域专家学者，并深入金银花道地产区进行深入调研，编写了这本《探秘金银花》科普图书。本书分为金银花之源、金银花之品、金银花之用三部分，全方位地介绍了金银花这一传统中药。第一章介绍金银花有关传说、用药历史沿革、产地和品种、价值和产业；第二章介绍金银花的种植、炮制加工、真伪和优劣判断；第三章介绍金银花的药理作用、制剂及合理应用。本书适用于基层医务人员（药店店员、基层药师等）在患者教育和科普宣传中的实际需求，可作为临床用药服务中的基础技术支持，亦可作为对公众进行宣传教育的基础科普蓝本。同时，也可作为金银花种植、加工、经营者的参考资料。

由于编者水平所限，书中疏漏与不足之处在所难免，恳请广大读者和同仁提出宝贵意见。

编者

2021 年 11 月

第一章 金银花之**源**

第二章

金银花之品

第三章

金银花之用

金银花之源

金银花为忍冬科植物忍冬（*Lonicera japonica* Thunb.）的干燥花蕾或带初开的花。其性寒，味甘，有清热解毒、疏散风热的功效。主治外感发热、疮痈疔肿、热毒泻痢，自古就被奉为清热解毒的良药。在现代心血管疾病、肿瘤等常见疾病的治疗中，也有金银花的应用。

1984年，国家中医药管理局将金银花确定为35种名贵中药材之一，2002年列入卫生部《既是食品又是药品的物品名单》。金银花主要用于生产医疗和保健功能产品，这些产品具有清热解毒、抗菌消炎、防癌抗癌、延年益寿等功效，国内相关生产企业有数千家。人们熟知的连花清瘟颗粒、银黄片、双黄连口服液等中成药，以及市面上大多数凉茶类饮料都是以金银花为主要原料制成的。随着我国健康产业的蓬勃发展和人民生活水平的不断提高，金银花的用途也越来越广，开始由单一的中草药逐步向中成药、保健食品、饮料、牙膏和化妆品等日用化工产品方面发展，金银花产业进入高质量发展的快车道。

第一节　金银花的传说

我国中药文化源远流长，为了使已知的药物知识和治疗经验被保存下来，很多中药的名称由来都有一个传说。在师承口授中，不仅单一传授药物性能，往往连同中药名称由来、发现过程和有关经历等也一并讲述出来，这样长期流传和不断丰富的结果，形成了中药传说故事。关于金银花，民间就流传着很多动人的传说故事。

一、天地氤氲夏日长，金银二宝结鸳鸯

在民间传说中，金银花是爱情的见证之花。民间歌云"天地氤氲夏日长，金银二宝结鸳鸯。山盟不以风霜改，处处同心岁岁香。"人们称金银花为鸳鸯花、二宝花。

很久以前，在今河南省巩县、密县、登封三县交界的五指岭，有一种名贵草药叫金藤花，能解邪热、除瘟病。山腰上住了一位采药的金老汉，他有一个女儿叫金银花。金老汉和山下的一位任医师合伙开了一家中药铺，任医师有一个儿子叫任冬。两个年轻人自小青梅竹马，长大后更是亲密无间，于是两家就为二人定了婚。有一天，五指岭来了一个瘟神，每日吞云吐雾地散放瘴气，村里很多人都染上了瘟疫。听说山上的金藤花可以医治瘟疫，于是金老汉和银花就冒险上山采摘。不料瘟神看中了银花的美貌，趁父女二人埋头采药不备，将金老汉推下山崖，抢走了银花姑娘。任医师一直等不到金老汉父女回来，担心他们出事了，便叫任冬去寻找。当任冬找到金老汉的时候，金老汉已奄奄一息，断断续续说完事情的经过就断了气。任冬擦干眼泪，忍着悲伤，找

到瘟神洞窟，并在夜色的掩护下救出了银花。银花告诉他，听瘟神手下的小鬼说，药王可以打败瘟神。于是二人便一起去蓬莱仙岛寻找药王。瘟神发现银花被救走，气急败坏，施法追上了银花和任冬。任冬让银花先去寻找药王，他留下阻挡瘟神，但最终因不敌瘟神的妖法被抓。银花夜以继日地赶到蓬莱岛，找到药王，说明情况后，便一起返回了五指岭。瘟神得知药王来了，一气之下将任冬推下了深潭。药王和银花赶到，打败了瘟神，治好了乡亲们的瘟疫。

银花悲伤地埋葬了任冬，痛不欲生，泪水如同串串珍珠滴洒在坟冢上，坟上顿时长出一丛丛茂密的金藤花。眼泪哭干了，哭出了滴滴鲜血，殷红的鲜血洒在金藤花上，藤蔓上就开出了金灿灿的花朵。银花痛失父亲和爱人，难过万分，一头撞死在任冬坟前。乡亲们听到银花惨死的消息，悲痛万分，把她和任冬葬在一起。此后，整个五指岭漫山遍野开满金藤花，花儿金灿灿、银闪闪，一簇簇，一丛丛，光彩夺目，如云似霞。人们为了纪念银花和任冬，就把金藤花叫作"金银花"或"任冬花"，又叫"忍冬"。

二、血脉相连心相牵，勠力同心解热毒

相传在很久以前，栾川一带暴发瘟疫，因得不到及时治疗，死者不计其数。当地有个财主认为这是发财的机会，便

雇用了几名药工，开了个药房，抬高药价，牟取暴利，害得老百姓叫苦连天，怨声载道。

一日，不知从何处来了两个孪生姐妹，长得天仙一般。姐姐金花，发髻上别一支亮闪闪的金簪；妹妹银花，发髻上别一支亮闪闪的银簪。不知谁帮的忙，一夜间就在山坡上建起了一座小竹楼和一道篱笆小院，院里还长着青枝绿蔓的花草。乡亲们都惊奇地围在院外观看，姐妹俩忙招呼大家进去，说她们刚从外地迁来，以医为生。乡亲们无比欢欣，忙扶老携幼前来就诊。说来也怪，那些捂着肚子来的人，经姐妹俩银针一扎，疼痛立止，再服些院中鲜花熬成的汤液，病竟全好了。一时间姐妹俩声名远扬，就诊者络绎不绝。

财主因药房门前日渐冷落，气得暴跳如雷，便带着一帮人上山，火烧竹楼。一时间，竹楼里卷出团团浓雾，遮得天昏地暗，等烟消雾散时，竹楼上姐妹俩已踪影全无，只有那些花草还在争奇斗艳。藤蔓上开着金银二色的喇叭花，颇似金花、银花头上的簪子。财主气得七窍生烟，令人将花草全部拔掉用刀剁了。这时，突然刮起了大风，那风将零碎的花草枝蔓抛向高空，又撒向大地各处。紧接着，雷电交加，大雨如注，直浇得财主及随从们抱头鼠窜。这些花草落地生根，不多日便爬满山冈、大地，并先后开出由白变黄的花来。人们都说那就是金花、银花的化身，于是取名为"金银花"。

三、忍冬药用部位的变迁及金银花名称的由来

忍冬的药用历史悠久。现存最早记载"忍冬"的医学文献是晋代葛洪的《肘后备急方》："忍冬茎叶挫数壶煮。"首载"忍冬"的本草学专著是梁代陶弘景的《名医别录》："忍冬味甘，温，无毒。主治寒热、身肿，久服轻身，长年，益寿。十二月采，阴干。"陶弘景《本草经集注》记载："今处处皆有，似藤生凌冬不凋，故名忍冬。"说明当时仅用忍冬的茎叶，并不是用花，因为金银花是在夏初采摘的。其后历代本草专著均有记载。

对忍冬形态的描述始见于唐代《新修本草》："此草藤生，绕覆草本上，苗茎赤紫色，宿者有薄白皮膜之，其嫩茎有毛。叶似胡豆，亦上下有毛。花白蕊紫。"此书中未明确提出"金银花"之名。唐代《本草拾遗》云："忍冬，主治热毒血痢、水痢。"

"金银花"一名首次见于宋代《苏沈良方》，该书对其植物形态有详细的描述："叶尖圆茎生，茎叶皆有毛，生田野篱落，处处有之，两叶对生。春夏新叶梢尖，而色嫩绿柔薄，秋冬即坚厚，色深而圆，得霜则叶卷而色紫，经冬不凋。四月开花，极芬，香闻数布，初开白花，数日则变黄，每黄白相间，故一名金银花。"到了南宋，王介在其《履巉岩本草》下卷载有"鹭鸶藤"一药，谓其"性温无毒，治筋

骨疼痛善治脚气。一名金银花。"所以说《履巉岩本草》是最早提到"金银花"的本草书籍，但入药是藤和叶。

宋代以前主要以忍冬茎叶入药，宋代以后医家开始将茎、叶、花分别入药，明确以花入药见于明代的本草著作。明代《救荒本草》是首次把金银花作为一个独立的药名收载的本草书籍，而且性能主治俱全。谓其："善治痈疽发背，近代名人用之奇效。味甘性温无毒。"陈嘉谟著《本草蒙筌》首次提到"根茎花叶，随时采收。（春夏采花叶，秋冬采根茎。）"李时珍《本草纲目》对忍冬的历代本草文献作了全面的总结，在释名、集解项下解释忍冬和金银花及其别名，以及它的产地、采集时月和植物形态等。在【气味】【主治】项下除引用《名医别录》《药性论》《本草拾遗》内容外，还增加了"治飞尸遁尸，风尸沉尸，尸注鬼击，一切风湿气，及诸肿毒。痈疽疥癣，杨梅诸恶疮，散热解毒。"在【发明】项下进一步作了总评："忍冬，茎叶及花，功用皆同。昔人称其治风除胀，解痢逐尸为要药，而后世不复知用，后世称其消肿散毒治疮为要药，而昔人并未言及。"自此，藤叶与花以"忍冬"或"金银花"为名，同作一药使用。

清代，虽然茎叶及花均入药，但尤其强调用花。清代《本经逢原》《本草从新》等医药著作多同时用忍冬和金银花，或单用金银花之名。吴仪洛《本草从新》在"金银花"

项下记载"其藤叶名忍冬",以后逐渐将花与藤叶分开入药。《得配本草》记载:"藤、叶皆可用,花尤佳。"清代黄宫绣《本草求真》云:"花与叶同功,其花尤妙。"至于"金银花"专指忍冬的花,则在清代以后。

曹炳章在《增订伪药条辨》中详细记载了各地金银花品质优劣。张山雷《本草正义》对历代本草所载的忍冬及花的功能予以了全面总结,还将花与叶的疗效进行了比较。

《中华人民共和国药典》(以下简称《中国药典》)自1963年版开始,将忍冬的茎、花分别以"忍冬藤""金银花"条目收载。历版《中国药典》中,忍冬藤的植物来源均为忍冬 L. japonica Thunb.。《中国药典》(1963年版)首次收载金银花时,规定其来源为忍冬科植物忍冬 L. japonica Thunb. 的干燥花蕾。由于受特定历史环境的影响,《中国药典》(1977年版)在其来源项下增加了3种:红腺忍冬 L. hypoglauca Miq.、山银花(即华南忍冬)L. confusa DC. 和毛花柱忍冬 L. dasystyla Rehd.,并且将药用部位改为"干燥花蕾或带初开的花",这一规定一直沿用至2000年版。《中国药典》(2005年版)将忍冬 L. japonica Thunb. 作为金银花的唯一来源,去掉毛花柱忍冬 L. dasystyla Rehd.,将灰毡毛忍冬 L. macranthoides Hand.-Mazz.、红腺忍冬 L. hypoglauca Miq.、华南忍冬 L. confusa DC. 以山银花收载。随后,《中国药典》

（2005 年版）增补本又在山银花来源中增加了黄褐毛忍冬 *L. fulvotomentosa* Hsu et S. C. Cheng，并收入《中国药典》（2010 年版）。2015 年版和 2020 年版《中国药典》与 2010 年版一致，未有变化。

第二节　金银花的产地和品种

金银花适应性很强，耐寒、耐旱、耐涝、耐贫瘠、耐盐碱，生长快，寿命长，常生于山坡灌丛或疏林、乱石堆、山脚路旁及村庄篱笆边，海拔最高达 1 500m。历代本草中对于金银花产地记载较为简单，多为"处处有之"等较概括的词。南北朝《本草经集注》"今处处有之"；北宋《墨庄漫录》"傍水依山，处处有之"；北宋《苏沈良方》"生田野篱落，处处有之"；明《救荒本草》"旧不载所出州土，今辉县山野中亦有之"；明《本草纲目》"忍冬在处有之"；清《本草述钩元》"忍冬，在处有之"。可见，古代本草记载的金银花产地为中国大部分产区。实际上，金银花原产我国，除黑龙江、内蒙古、宁夏、青海、新疆、海南和西藏无自然生长外，全国各省、直辖市、自治区均有分布。我国金银花原主产于山东、河南两省，现河北也为主产区之一。

一、金银花的历史产地

（一）山东道地产区

山东作为我国金银花的主产地之一，所产金银花历史上曾称"东银花""济银花"。野生金银花在山东分布较广，自清朝嘉庆年初，开始人工栽培。据清代《费县志》记载："花有黄白，故名金银花，从前间有之，不过采以待茶。至嘉庆初，商旅贩往他处，辄获厚利，不数年山角水湄栽植几遍。"可见，在清代，山东沂蒙山区金银花的人工种植就已经十分普遍。

民国时期曹炳章的《增订伪药条辨》记载："（金银花）以河南所产为良……产河南淮庆者为淮密……济南出者为济银……亳州出者……更次。湖北广州出者……不堪入药。"民国时期陈仁山的《药物出产辨》记载："顶蜜花产河南禹州府蜜县，名曰蜜银花。中蜜花产山东济南府，名曰济银花。又有一种净山银花，由镇江来。广东产者为土银花，广西亦有产，均名土银花，稍次。以上均秋夏出新。"《药材资料汇编》记载："济银花，产山东沂蒙山区，以费县、平邑为主要产地。"《中国中药区划》记载："山东省是我国金银花主要传统产地之一，栽培历史近200年。"

（二）河南道地产区

河南自古以来就是金银花的主要产区。宋代《曲洧旧闻》记载："（金银花）郑许田野间二三月有。一种花蔓生，其香清远，马上闻之，颇似木樨，花色白，土人呼为鹭鸶花，取其形似也。亦谓五里香。"郑许指南末时期的郑州和许州，在南宋时期属于金的辖地，即与今河南郑州、许昌位置大致相当。

明代朱橚 [sù] 所编的《救荒本草》记载："金银花，本草，名忍冬，一名鹭鸶藤，名左缠藤，一名金钗股，又名老翁须，亦名忍冬藤。旧不载所出州土，今辉县山野中亦有之。"这里指出金银花生于"辉县山野中"。明代辉县属于河南布政司，与今河南辉县位置大致相当。

清代嘉庆年间的《密县志》记载该县"金银花鲜者香味甚浓，山中种植者多，颇获利"。《植物名实图考》云："忍冬，吴中暑月，以花入茶饮之，茶肆以新贩到金银花为贵，皆中州产也。"这里的中州指河南，因其地在古九州之中得名。

河南新密市、封丘县是传统的金银花道地产区，出产的金银花历史上曾被称为"密银花""封丘金银花"，或统称为"南银花"。西晋《博物志》记载"魏地人家场圃所种，藤生，凌冬不凋"，此处所述的古魏地带就包括了河南封丘一带地域。

二、金银花产地的变迁

据不完全统计，目前全国共有金银花种植面积约 210 万亩（1 亩≈ 667m²），主产区在山东、河南、河北等地。

目前，山东省金银花种植区域主要集中在临沂市平邑县、费县。其中，平邑县栽培面积最大，约 65 万亩。平邑之所以成为金银花主产地之一，与其优越的地理、气候、环境条件密不可分。平邑位于鲁南沂蒙山区西南部，处在南北气候过渡带，属于暖温带大陆性季风气候，四季分明，降水集中，气候适宜，昼夜温差大，利于植物内在成分积累。平邑金银花种植区域以丘陵山区为主，土质主要是棕壤，山地小气候特点显著（图 1-1）。

图 1-1　平邑县丘陵地貌

河南省金银花主要产区为新乡市封丘县，种植面积约 30 万亩。封丘县地处河南省东北部，属暖温带半湿润季风气候，四季分明，气候温和，降水集中，光热和水资源充足。独特的地理环境和自然条件，加上 1 500 多年的驯化栽培，孕育了封丘金银花独特的品质，其质量在全国的金银花中属于上乘，故封丘金银花有"中原二花甲天下"之美誉。

邢台市巨鹿县地处河北省中南部黑龙港流域，华北平原腹地，属国家级生态示范县，四季分明、光照充足、沙质碱性土质，比较适宜金银花种植与生产。1973 年，巨鹿县农民谢风岭开始试种金银花。改革开放后，巨鹿金银花有了长足发展，到 1988 年，金银花栽培面积约 2 000 亩。1998 年，时值中央调整农业种植结构，随着政府支持力度进一步加大，金银花产业迎来了发展高峰期，栽培面积发展到 3 万亩。2003 年"非典"时期，巨鹿金银花种植面积达 7 万亩。现今巨鹿金银花栽培面积约 13 万亩，已发展成我国金银花主产区之一，培育出了"巨花一号"等金银花新品种。

三、金银花的习用品种

金银花栽培历史悠久，在种植过程中，不同产地培育了多个金银花优良品种。据初步统计，忍冬栽培品有近 20 个农家品种，基本上可分为三大品系，即毛花系、鸡爪花系和野生银花系。其中,"大毛花"和"鸡爪花"的产量高、质量好,为种植的优良品种,也是主产地栽培面积最大的两个品种。近年,各产区还培育出"北花一号""九丰一号""九绿一号"等新品种。金银花的野生品种来自华南、华中和西南地区各省份,主要有大麻叶、紫茎子、叶里齐、鹅翎筒等品种。野生品种一般枝条粗壮稀疏,茎紫红色,多匍匐地面或依附他物缠绕,但药材产量低。

(一) 大毛花

大毛花幼枝绿色,节间短,属直立型。墩形(指植物造型)矮大松散,生长旺盛,枝条深绿至黄绿色,粗壮密丛生,中部以上或自中下部缠绕或极度缠绕,密被柔毛,叶片肥大、薄、革质,叶卵形至矩圆状卵形,叶片被毛多而密,叶脉 5 对。萌发的枝条多为花枝,徒长枝(指植物生长过旺发育不充实的一种枝条)较少,一般从枝条极端的第三节、第四节上开始着生花蕾,花枝顶端不生花蕾,花疏生叶腋,枝条平均开花节位 6~9 节,中原地区一般 5 月中旬开花,晚于鸡爪花。花蕾细长,中上部弯曲,其上密被淡黄色柔毛和腺毛,花蕾颜色白中稍黄,顶端弯曲,上部空泡。苞片卵形至狭卵形,密被毛。大毛花直立性强,耐修剪,具有多次开花的习性,丰产,在大田栽培可长成"银花树"。年产四次花，也叫"四银花"。采时易从花蕾基部断裂。根系发达，抗旱耐贫瘠，抗病虫性较差，于山岭薄地栽培，是金银花主产区山东平邑、河南封丘、河北巨鹿的主要栽培品种（图1-2、图1-3）。

图 1-2　大毛花原植物　　　　图 1-3　大毛花花蕾

（二）北花一号

北花一号是经长期定向培育而成的一个金银花优良品种，花蕾期超长是该品种的突出优点，颠覆了金银花 2～3 天即开花凋谢的传统特性。金银花传统品种都是花蕾进入大白期（花蕊稍微显白时）后当天即开花绽放，而且是从枝条基部到梢部渐次开放，在采花期需要每天采摘一遍大白期的花蕾，稍有耽搁便会开花凋谢，产量和质量大幅度降低。而北花一号花蕾期长达 10～15 天，极大延长了最佳采摘期，采摘时间更灵活。该品种节间短，叶片下垂，花蕾大，花蕾集中外露，簇生于叶腋和枝顶，人工采摘更方便。此外，由于花蕾期长、开花头少，所采鲜花几乎全是花蕾，既可自然晾晒干花，又可机械杀青烘烤，干花整齐洁净外观好，提高了干花质量和销售价格。

北花一号金银花花蕾大，数量多，产量高，绿原酸、木犀草苷等成分含量高。徒长枝少，两年以上植株基本都是结花枝，而且花蕾硕大、长，头茬花干蕾鲜花约重 145.8g，比大毛花增加 20.4%；抗逆性强，直立性好，适应性广；保留了传统品种大毛花的抗旱、耐寒、耐瘠薄、耐盐碱等优点，可在山区旱地、沟边地堰、边疆荒漠地区栽植；又具备主干直立性好、易培育成树形金银花的优点，方便了田间管理和鲜花采摘，提高了通风透光性和金银花开花量，也适宜平原地区、密植丰产园发展，是生态绿化、美化城镇、旅游观光的优良植物（图 1-4、图 1-5）。

图 1-4　北花一号原植物

图 1-5　北花一号花蕾

（三）鸡爪花

鸡爪花系主要品种有大鸡爪花和小鸡爪花，是较老的栽培品种。大鸡爪花墩形高而紧凑。枝条少而松散，长短不一，斜升略直立，先端稍有缠绕，密被毛，有效枝多。叶绿，略革质而厚，被毛；叶片椭圆形或长椭圆形，基部略心形。花蕾集中枝端，形如鸡爪，便于采摘，花蕾较平直，三青期、二白期、大白期三期分明，大白期上部略膨大，被毛，苞片狭卵形。丰产性能好，适于密植。小鸡爪花植株中型，长势弱，主干明显。植株枝条黄绿色，细弱成簇，不缠绕。被毛叶片黄绿，密而小，略革质，宽披针形或卵状披针形，疏被毛。蕾集生于茎顶，大白期、二白期、三青期三期分明，上端于2/3处内弯，结花早。形似倒鸡爪，花蕾质实，苞片狭卵形。每年有多茬花。鸡爪花系品种抗病虫性能强，适于平原、丘陵密植栽培，也可地堰栽植（图1-6、图1-7）。

图1-6　鸡爪花原植物　　　　图1-7　鸡爪花花蕾

（四）九丰一号

九丰一号是筛选山东平邑主栽农家品种大毛花的优良单株，采用多倍体育种技术选育出来的金银花新品种。该品种具有明显的多倍体植物器官巨型性特征，表现为茎枝粗壮，叶片厚大，叶色浓绿，绒毛多，节间短，结花枝多，徒长枝少。与传统品种相比较，具有产量高，有效成分含量高，采收工效高，抗逆性、适应性强等优点（图1-8、图1-9）。

九丰一号花蕾个大，一般长4.9cm，最长达6.5cm（图1-10）。3～4年生密植丰产园，亩产干花100～150kg。传统品种如大毛花，每人每天只能采5～10kg鲜花，而九丰一号金银花因花蕾大、蕾壁厚、花束集中，每人每天可采鲜花15～25kg。该品种抗旱耐涝，耐寒性强，高抗病虫害。既适于山区丘陵栽植，也适于土质肥沃的平原地

图1-8　九丰一号原植物

图1-9　九丰一号花蕾

块发展。其绒毛浓密粗长，吸尘效果好，抗污染能力强，且花香浓郁，芬芳宜人，具有较高的观赏价值和环保作用，也是城市绿化的优良苗木。

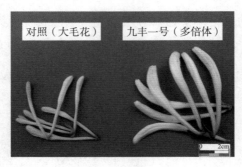

图 1-10　九丰一号花蕾与大毛花花蕾

（五）九绿一号

九绿一号叶色浓绿，凌冬不凋，花香浓郁，是防风护沙、园林绿化的优良金银花品种。该品种具有以下特点：耐寒性强，绿化效果佳；花香气浓，芬芳宜人；花蕾娇小，花量大。在管理得当的情况下，冬季也不落叶，四季常青，具有一般金银花无法比拟的绿化效果。其挥发油含量较普通金银花高近 1.2 倍，花香浓郁，醒脑提神，实为庭院绿化、城镇美化的优良植物。九绿一号花蕾比普通金银花略显娇小玲珑，有小家碧玉之感，具有很高的绿化观赏价值。开花时节，青蕾白蕾次第开，白花黄花相衬映，蜂飞蝶舞采花妹，万花丛中一点红，形成一道别致的风景（图 1-11）。

图 1-11　九绿一号原植物

（六）巨花一号

巨花一号是河北巨鹿金银花一号的简称，是从河北巨鹿金银花群体中选育的丰产金银花品种。该品种叶色深绿，叶片大、肥厚，叶毛多而长，有利于形成较大的光合作用面积，提高光合作用效率，增加光合作用产物与其他物质的积累。茎枝粗壮，节间短，徒长枝少，直立性强，利于修剪成合理的树形结构。幼枝绿色，一年生枝呈紫褐色，多年生枝为灰白色。枝叶密被茸毛，具有较强的抗蚜性和抗螨性。花蕾成对腋生，花冠呈管状，外被短茸毛，花蕾长 5cm 左右，弯曲，结蕾整齐。花枝顶部花蕾呈菊花状，易采摘，有清香味。具有多次抽梢、多次开花的习性，一条花枝一般开花 6～8

簇，最多达 14 簇。一年开四茬花，第一茬花花期集中，质量最优，产量占全年产量的 40% 以上。一般定植后当年见花，第三年单株产干花蕾 0.4kg，第四年进入盛产期，一般每亩产干花蕾 150～200kg，最高可达 300kg，比鸡爪花产量高出 1 倍多。该品种生长旺盛，抗逆性和抗病能力强，耐瘠薄、耐干旱，对土壤和水分要求不严，在壤土、砂土、黏土、盐碱土及酸性土壤中均能生长，在砂土地上不易染病、表现良好。花蕾绿原酸含量超过 4%，木犀草苷含量超过 0.1%。

（七）大麻叶

属半直立型，墩形松散，枝条部分缠绕，枝条粗 0.20～0.28cm，枝长 35.0～46.0cm，枝条平均节间长 6.4～7.5cm。叶长椭圆形，长 5.8～6.2cm，宽 3.0～3.6cm，厚约 0.27mm，叶脉 7 对，明显较其他品种多，故有大麻叶之称。萌发的枝条中花枝数占 1/2，一般从花枝基端的第 4 节、第 5 节上开始着生花蕾。枝条平均开花节位为 4～5 节，一般 5 月中旬开花。大白期花蕾平均长 3.78cm，宽 0.34cm，银白色。鲜花千蕾重约 65g，干花千蕾重约 16g，晒干率约 25%，平均墩产干花约 25g，产量较低。该品种优点是绿原酸等有效成分含量高，抗病虫性强，因此可用作育种材料。此外，该品种对土壤要求不严格，可在石灰岩山地种植。

（八）毛花

成墩形，全株黄绿。枝条短，斜升，上部缠绕，毛密。叶片长卵形、卵状椭圆形至狭长椭圆形，质厚，毛浓密，手感绵软。花蕾粗短，三青期先端微膨大，二白期至大白期中部以上显著膨大，密被毛。苞片卵形，毛密，二茬花少。该品种产于河南省新密市尖山乡、牛店镇，是河南产区主要的种质资源之一。

（九）线花

成墩形，全株黄绿。枝条细短，斜升。叶片长椭圆形至披针形，革质而厚，疏被毛。花蕾细长线形，三青期上端球状膨大，二白期至大白期，上部约 1/3 显著膨大，毛较疏。苞片狭披针形，被毛。有三、四茬花。产于河南郑州新密市的尖山乡、牛店镇，是河南产区主要的种质资源之一（图 1-12）。

图 1-12　线花花蕾

第三节　金银花的价值

金银花植株形美、花香，集药用、观赏、生态、绿化、文化价值于一身，发展前景极其广阔。

一、药用价值

金银花的药用历史悠久，是我国传统的常用大宗药材之一。历代本草学著作对金银花的药用价值给予了充分肯定，将其作为清热解毒的重点药物使用。考虑到明代以前，忍冬的主要药用部位为茎叶，明确以花入药见于明代的本草著作，因此，本节金银花的药用价值主要汇总了明代之后的相关论述。

（一）明代

刘文泰等编撰的《本草品汇精要》中记载金银花"主治寒热身肿，久服轻身，常年益寿"，该见解沿用了南朝陶弘景《名医别录》对忍冬功效的论述。李时珍在《本草纲目》中记载金银花主治五尸，即"治飞尸遁尸，风尸沉尸，尸注鬼击，一切风湿气，及诸肿毒，痈疽疥癣，杨梅诸恶疮，散热解毒"，其中"散热解毒"与《本草拾遗》中记载的"主热毒"相呼应。倪朱谟在《本草汇言》中写道"祛风除湿，散热疗痹"，与李时珍的观点基本一致。陈嘉谟在《本草蒙筌》中记录到"治疗痈疽之要药"。明代是一个继承与发展的时期，对金银花的主治与功效的观点未能统一。

（二）清代

吴仪洛《本草从新》中记载"清热解毒，补虚"，汪昂的《本草备要》中也记载"清热解毒，补虚，疗风养血止渴"，二者皆有记载"补虚"的功效，这是一个较为新颖的观点。严西亭云"忍冬藤花……去风火，除气胀，解热痢，消肿毒"。《本经逢原》中记载"忍冬即金银花……主下痢脓血，为内外臃肿之要药。解毒祛脓，泻中有补，痈疽溃后之圣药"。清代对金银花主治与功效的认定基本上达成了共识，认为其有清热解毒的功效。

（三）当代

《中国药典》1963年版与1977年版中记载金银花："功能：清热，解毒。主治：温病发热，痈疽，恶疮，热毒血痢。"《中国药典》1985年版到2020年版，以及《中药志》《新编中药志》进一步完善和补充："功能与主治：清热解毒，疏（凉）散风热。用于痈疽疔疮，喉痹，丹毒，热毒血痢，风热感冒，温病发热。"《中华本草》记载金银花："功能与主治：清热解毒。主治温病发热，热毒血痢，痈肿疔疮，喉痹及多种感染性疾病。"在当代，金银花有清热解毒的功效并主治温病发热、热毒血痢等症是较为普遍的认定。

二、食用价值

金银花作为一种药食同源的中草药，花蕾及茎叶中含有多种氨基酸，总含量在 8.0% 左右，碳水化合物含量在 18% 以上，另外含有铁、锌、锰、铜、镍、钴、硅等 7 种人体必需的微量元素，具有较高的营养价值。此外，金银花中还含有绿原酸、木犀草苷及可溶性糖，具有很好的保健作用。金银花的食用方法很多，如凉茶、饮料、酒、粥、汤、糖果、酸奶等。

（一）凉茶、饮料

金银花冲以代茶，汤色翠绿透亮，闻之气味芬芳，夏秋服用既能防暑降温、降脂减肥、养颜美容，又能清热解毒。"喝了金银花，今年二十，明年十八"是对金银花茶的美好赞誉。目前不仅有以单味金银花为原料的金银花茶，也有与其他中药组方配伍的复方保健茶，如金银花与野菊花、麦冬配伍制成的青梅保健茶，可清热解毒、消暑生津，急慢性咽炎、扁桃体炎患者饮用后可缓解咽喉疼痛等。

将金银花等原料浸提，添加适当甜味剂、矫味剂和品质改良剂，经超滤、灭菌、罐装等工序制成的金银花保健饮品，色泽清澈明亮，清凉爽口，芳香甘甜，市场销售量较大。如金银花绿茶复合饮料、金银花 - 菊花 - 苦瓜保健饮料、苦瓜 - 金银花 - 淡竹叶保健饮料、芦荟 - 金银花复合饮料、银杏叶 - 金银花保健饮料等。凉茶类饮料的主要配方均为仙草、鸡蛋花、布渣叶、菊花、金银花、夏枯草、甘草，为广大消费者所喜爱。银花晶是以金银花为主要原料制成的固体饮料，远销国外。

（二）金银花酒

金银花酒是采用兰陵美酒传统工艺开发研制的，其色泽如琥珀，清亮透明，具有兰陵美酒和金银花的独特复合香气。金银花黄酒是在传统黄酒加工工艺基础上添加金银花浓缩液，经科学调配而成，其色泽浅棕黄，口味醇厚，酸甜适宜。金银花啤酒是用金银花代替部分颗粒酒花而制成的，清亮透明，口味纯正，有幽雅自然的金银花香气，同时具有清热解毒、消炎止渴之功效。此外，还有金银花汽酒等。

（三）粥、汤品

日常生活中，金银花经常作为普通食物出现在餐桌上，常见有金银花粥、金银花绿豆粥、金银花莲子粥、三鲜粥、银花蜡梅汤、银花杞菊虾仁、双花炖老鸭等。

下面介绍部分金银花粥或汤品的原料、功效及制作方法。

1. 金银花粥

原料：金银花 30g，粳米 30g。

功效：清热解毒，可用于防治中暑，以及各种热毒疮疡、咽喉肿痛、风热感冒等。

制作方法：金银花加水适量煎取浓汁，入粳米，再加水 300ml，煮为稀薄粥。

2. 金银花绿豆粥

原料：金银花 10g，绿豆 30g，大米 100g，白糖 30g。

功效：清热祛风，生津止痒，对风热外侵型皮肤瘙痒症有较好疗效。

制作方法：将金银花、绿豆、大米淘洗干净，去泥沙；大米、绿豆同放锅内，加清水适量，置武火上烧沸，再用文火煮 30 分钟；加入金银花、白糖，再煮 5 分钟即成，每日 1 次（图 1-13）。

图 1-13　金银花绿豆粥

3. 金银花莲子粥

原料：鲜金银花 50g，莲子 50g，粳米 100g，冰糖适量。

功效：清热解毒，健脾止泻。既有清热之力，又有补益之功。对感冒乏力和预防中暑有特殊的功效。

制作方法：金银花洗净，在开水中焯后，挤干水分待用；莲子、粳米洗净，加水煮粥；待粥快成时，加入金银花和冰糖，稍煮即成。

4. 三鲜粥

原料：鲜金银花、鲜扁豆花、鲜丝瓜花各 10 朵，粳米50g，白糖适量。

功效：败火，祛暑。适用于暑伤气阴。

制作方法：上述 3 种鲜花，加水，煎煮 10 分钟，过滤取汁，加米煮粥，白糖调味。

5. 银花蜡梅汤

原料：金银花 10g，蜡梅花 10g，绿豆 30g。

功效：缓解水痘重症。

制作方法：先将金银花、蜡梅花加水煎取汁；绿豆加水煮至极烂，然后倒入花汁，稍煮，食豆饮汤。

温馨提示：金银花性寒，脾胃虚弱者不宜常用。

三、生态价值

（一）水土保持

金银花根系发达，在雨季毛细根浮于地表，茎蔓如果触及土壤，即可生出大量的毛细根。在岩石裸露地区，其根系沿山体岩缝下扎深度可达9米以上，向四周延长达12米以上，在山岭坡地的中层纵横交错，具有强大的固土和吸收水分、养分的能力。金银花地上部分生长旺盛，根系分生能力强，茎叶覆盖度大。一般5年生的灌丛有200个左右的枝条，叶面郁闭，刮大风时风吹不起土壤，下暴雨时雨滴不能直击地面，护坡效果良好。可有效减少雨水冲击和水土流失，因而，可以用于荒漠化治理，采石场、矿区、公路边坡的水土保持及生态修复。在山区栽培金银花，可以保持水土，改良土壤，调节气候；在平原沙丘区栽植可防风固沙，防止土壤板结，减少灾害性天气的危害。金银花生长旺盛，无论是在山坡平地，还是在沟壑山岭，只要不遭受虫害，枝叶都很繁茂。重要的是它既能抗旱抗涝，又能耐严寒和瘠薄，农谚称："涝死庄稼旱死草，冻坏石榴晒伤瓜，不会影响金银花。"

（二）环境绿化

金银花作为我国的乡土树种，适应性极强，而且花色花形奇特、色香俱佳，目前常被用作立体绿化植物，包括边坡绿化、廊架绿化、屋顶绿化、墙面绿化等；此外，金银花还被用于园门造景、矿区绿化等（图1-14）。

图1-14　金银花用于墙面绿化

1.边坡绿化　边坡指的是为保证路基稳定，在路基两侧做成的具有一定坡度的坡面，其稳定性直接影响公路使用寿命、行车安全与生态环境等。边坡绿化作为一种生态护坡方式，可涵养水源、防止水土流失和滑坡、美化环境、净化空气。金银花抗逆性强、根系发达，十分适合边坡绿化。

2. 廊架绿化　金银花作为藤本植物，枝繁叶茂、花果艳丽、芳香怡人，而且其枝叶柔软，是天然的廊架绿化材料。金银花缠绕于廊架之上，不仅可以美化环境、营造植物景观，而且还为人们提供遮阳纳凉的场所。

3. 屋顶绿化　如何在有限的城市空间内扩大绿化面积成为当前人们必须面对和解决的新问题，屋顶绿化应运而生。但屋顶自然条件差，不是一个理想的植物生长环境，一般植物很难正常生长。而金银花适应性极强，耐热、耐寒、耐干旱和水湿，可用于屋顶绿化，并且易于管理养护。

4. 矿区绿化　金银花具有较强的适应性，耐贫瘠、耐干旱，适合矿区的生长环境。利用金银花对矿区进行绿化，一方面可以保证植物成活率，降低绿化及后期养护成本；另一方面，金银花根系繁密发达，萌蘖性强，可以在较短时间内形成具有一定规模的群落，进而对矿区土壤进行植物修复，提高土壤理化性状。

金银花的生物学特征及生态价值

四、观赏价值

（一）制作盆景

金银花植株婀娜多姿，花香叶翠，根系发达，萌蘖能力强，桩根相衬，典雅大方，是制作盆景的上等佳材。

1. 培养树桩 金银花树桩可通过播种繁殖、扦插繁殖、压条繁殖以及野外挖掘树桩等获取，一般野外挖掘较为普遍。在秋冬休眠期挖掘其老桩，挖掘时要根据树木的自然形态及以后的造型要求，剪除大部分枝条，保留主干和必要的主枝；切断主根，尽量多保留侧根和须根。挖出后，将根部立即粘上泥土，带回植于透气性能好的瓦盆中，精心养护，以保成活。

2. 选配盆土 栽培土应营养丰富、疏松、保水能力强，以酸性、微酸性为佳。一般选用河沙、火烧土以及松针腐叶土的混合物。上土时，先用 2 片碎瓦遮蔽花盆底部透水孔，然后将较粗的培养土放在底层，并放上薄薄一层厩肥，再用中等颗粒培养土盖住厩肥，栽入植株后在上面覆盖较细的培养土。上盆后，用手轻轻压实，然后再慢慢浇水，以防表土流失。第一次必须浇透，以盆底有少量的水流出为宜。

3. 加工造型 待金银花长势良好，主干达到一定粗度时，可以进行初步加工。金银花盆景造型的第一步是"提根"，即在上盆时露根栽植，或在翻盆时逐年把根上提 3 ~ 6cm，另外也可把深盆栽植多年的树桩与盆土同时脱出，在不伤及根系的前提下，换浅盆栽植，并在四周空隙处填上营养土，墩实后人工洗去盆面以上根系之间的泥土，再剪掉裸露出来的根部多余的毛根。金银花盆景造型一般为自然式，其枝干造型也可以采取曲干式，利用截干蓄枝法修枝，但应避免1年内造型修剪次数过多，影响花蕾的形成。对局部不到位的枝条可进行适度修剪和铁丝盘扎、牵引等，使桩上枝条自然、流畅、疏密有致，整个株型干枝协调、层次分明（图1-15、图1-16）。

图 1-15　金银花盆景　　　　图 1-16　金银花盆景

（二）观光旅游

金银花花期较长，藤蔓缠绕，枝繁叶茂，是一种园林中垂直绿化、美化、香化的优良植物，其形式可根据地形、空间和功能而定，"随形而弯，依势而曲"。在园林或庭院中适宜作绿廊、花架等材料，或成片植被于公园或森林等风景区内，富有自然情趣，并能净化空气，香气久远。每到初夏花开之时，漫山遍野，含蕊竞放，沁人心脾。秋末虽老叶枯落，但叶腋间又簇生新叶，常呈紫红色，凌冬不凋，春夏花不绝，先白后黄，黄白相映。金银花生态价值的充分发挥，有助于环境美化、绿化山川，推动旅游风景点的建设，促进旅游产业的发展。

五、深加工价值

目前，金银花的用途越来越广泛，并逐步向深加工方向发展。市场上以金银花为原料的化妆品和生活用品越来越受欢迎，目前主要有浴洗剂、牙膏、痱子粉、护肤液、面膜、洗衣粉、洗涤剂、驱蚊物、卫生巾、保健香等产品。

（一）化妆品

清朝《御香缥缈录》记载了慈禧太后用金银花蒸馏液洗脸，以保养肌肤、养颜美容、返老还童的生活琐事："太后将安息前半个时辰光景，先把面上那些鸡子清用肥皂和清水洗去以后，接着便得另外搽上一种液汁（金银花蒸馏液）……这种液汁能使太后方才给鸡子清绷得很紧的一部分皮肤重新松弛起来，但又能使那些皱纹不再伸长和扩大，功效异常神奇伟大！"

现代研究表明，金银花精油富含单萜类及倍半萜类化合物。将该精油与其他有效物质加入化妆品中，可使其泡沫更丰富、香味更柔和，对皮肤有保湿滋养、增强活力、延缓衰老的功效，对脂溢性皮炎等皮肤炎症也有一定的疗效。

目前，金银花在化妆品方面开发的产品有浴洗剂、痱子粉、护肤液、面膜、洗发香波、香皂等。

（二）生活用品

以金银花提取液为主要成分制成的牙膏，能起到清热去火、消炎止痛和除口臭的作用，对牙龈出血和口腔炎症均有不同程度的改善。以金银花为主要原料开发的日常生活用品还有洗衣粉、洗涤剂、驱蚊物、卫生巾、保健香、保健被等。

六、文化价值

金银花的文化价值体现在全国各地人民对金银花的发现、种植、加工、运输、销售、利用等各个环节。以金银花为载体，各地人民深刻表达了人与自然、人与人之间产生的各种理念、信仰、思想感情和意识形态等，其内容丰富多彩，形式多样。从人类创新成果的视角剖析金银花文化的结构特征，可分为物质文化、制度文化和精神文化三个层次。

在物质层面，金银花文化包括各种生产的实体、产品、文化遗产、自然风景等。首先，是直观的各种生产金银花的实体，如金银花种植基地、采摘加工、生产车间等；其次，是利用金银花生产的各种产品，不仅包括临床治疗、销售、文化交流等过程所使用的各种产品，如金银花药材、忍冬藤等，也包括以金银花为原料所开发的各种医药产品、化妆用品、保健用品、功能食品等；再次，是与金银花种植相关的各种自然风光，如山东临沂九间棚旅游风景区。

在制度层面，金银花文化包括与金银花产业发展相关的组织机构、法律法规与礼俗行为等。组织机构作为战略决策者，对金银花产业的发展有着不可替代的作用，如山东省金银花行业协会、河北省金银花行业协会等。法律法规是指各级政府针对金银花产业发展而制定的各种政策性文件，如《临沂市人民政府关于大力发展金银花生产的意见》等。礼俗行为是指在金银花生产与流通过程约定俗成的各种仪式、行为规范、行为模式等，如金银花等级评定规范、金银花种植和采收加工的各种规范、仪式与风俗等。

在精神层面，金银花文化包括历史记忆、名誉、文学艺术等。所谓历史记忆，一是指各产地在多年的金银花生产历史上所形成的各种历史文化，虽然目前很多历史遗迹已不复存在，但却成为历史记忆，一直影响着人们的精神追求与精神生活；二是围绕金银花生产、加工、流通等环节，"中国金银花之乡"等荣誉所形成的各种劳动精神、探索精神与创新精神；三是金银花所形成的各种美誉，如"魅力金银花，封丘甲天下";四是指以金银花为主要题材的各种文学创作与艺术创作，包括与金银花有关的各种神话传说、民间故事、诗词歌舞等，如蔡淳（清）的《金银花》"金银赚尽世人忙，花发金银满架香。蜂蝶纷纷成队过，始知物态也炎凉。"

总体来说，金银花文化内涵与外延非常广泛，包括栽培技艺、种植发展史、制度文化、营销文化、文学艺术、医药文化、饮食文化等多方面。对金银花文化认识态度的正确性和科学性，不仅关系到其现实的发展状态，还决定其未来的发展走向。随着时代的发展，人们不仅看到金银花药用价值带来的经济效益，也越来越注重金银花所蕴含的文化生命力。以医药文化与饮食文化为核心，将传统文化与现代文化有机融合，金银花为保障人民健康生活作出了巨大贡献。

第四节　金银花的产业

金银花价值丰富，产品市场需求量大，因此金银花产业在调整农业产业结构、发展农业经济、帮助农民脱贫致富中发挥了重要作用。全国许多地方都在建立种植基地，种植面积逐年扩大，产量、产值不断提高。据不完全统计，目前全国金银花种植面积约为 210 万亩，三大主产区为山东平邑、河南封丘、河北巨鹿。此外，重庆、四川、浙江等地也有栽培，但种植规模较小，产量不大，主要在当地销售，本节暂不述及。

一、山东平邑金银花产业

山东省是我国种植金银花的第一大省，种植面积最大。其中，野生种在泰山、沂蒙山、崂山、昆嵛山等山区均有分布，栽培区主要集中在平邑县和费县。至 2019 年，仅平邑县金银花栽培面积已达 65 万亩，年产量 1.8 万吨，年产值 45 亿元以上，带动 31 万多人就业。

（一）政策措施与产业规模

平邑金银花产业历经几百年，从民间自由贸易到官方主导购销，再到不同时期研究制定对应政策措施，总体上促进了金银花产业规模形成与持续稳定发展。

二十世纪五六十年代，平邑全县中药材特别是金银花产量下跌，从 1959 年的 254 吨降到 1966 年的 196 吨。中共十一届三中全会后，平邑县委、县政府把发展金银花生产当作多种经营的骨干项目，并多次制订发展规划，鼓励全县人民大力发展金银花产业。至 1979 年，金银花年产量已达 812 吨。1982 年，省科委通过拨付专项基金，开展"金银花增产技术扩大试验"科研课题研究，总结出了金银花增产的"六改"措施，初步形成一套科学管理技术：即改培墩栽植为水平阶栽培；改春施基肥和生长期不追肥为冬施基肥和生长期分期追肥；改不治虫为及时防治虫害；改不修剪为合理修剪；改割秋条一次定植为多次育苗和多次移栽；改晾晒为烤房烘干。当时恰逢家庭联产承包责任制实施，经营和管理统一于户，更促进了金银花生产的发展，全县金银花科学管理水平日益提高。至1988年，总产量已达1 500吨，为1949年的15倍。1991年后，平邑县供销食品厂等企业通过加大金银花茶等系列产品的研发生产，拓宽了国内外销售市场，进一步促进了金银花产业稳步发展。1997年，产量达到3 250吨。1998年后，县委、县政府落实第二轮土地承包政策，市县两级政府出台扶持政策，中小微企业及合作社发展迅速，使金银花种植规模和产量水平快速增长。至2012年，金银花种植面积达65万亩，总产量1.75万吨。2013年后，平邑县先后成立金银花产业提升工作领导小组、金银花产业综合整治提升工作领导小组、金银花产业提升指挥部等领导机构；组织发起成立山东省金银花行业协会和中国中药协会金银花产业委员会。实行"政府＋协会"双轨协同机制，形成"政府＋经济组织＋社会组织"三位一体治理体系，实施"绿色生产，三产融合，标准引领，品牌带动"战略，实现整治提升目标任务，确保金银花产业持续健康发展，同时引领全省、全国金银花产业的创新发展。至 2019 年，金银花栽植面积稳定在 65 万亩左右，总产量稳定在 1.8 万吨左右。

（二）生产基地与产业园区

平邑金银花生产基地经历了从小到大、从少到多、从粗放到规范、从分散到适度规模、从传统到绿色的发展过程。特别是 2009 年后，为从源头上提升金银花质量安全水平，平邑县金银花果茶管理办公室、山东省金银花协会和相关部门积极引导企业、合作社先后成立了生态原产地保护基地、金银花密植园、平邑金银花绿色生产百里长廊、全国绿色食品原料标准化生产基地、金银花生产质量管理规范（GAP）基地、中国优质道地中药材十佳规范化种植基地、山东省优质金银花产品基地、平邑金银花标准化种植示范基地、山东省农业标准化生产基地，提升了金银花基地层次水平。

20 世纪 90 年代后，平邑县走"一村一品，一镇一业，一县一特色"产业振兴之路，围绕金银花特色产业，把平邑县培育为平邑金银花省级农业科技园、特色农产品（金银花）优势区、平邑县金银花现代农业产业园。

（三）市场与商贸

平邑县金银花药材贸易始于清代，历经民间自由贸易、官方主导购销、专业市场交易、网上交易和电商平台销售全过程，至 2019 年平邑沂蒙道地药材市场金银花年交易量 2 万余吨，国内 70% 以上的大型医药、食品企业均以平邑金银花为产品原料（图 1-17）。除满足国内需求外，金银花及其产品还出口到 20 多个国家和地区。

图 1-17　平邑金银花交易市场

二、河南封丘金银花产业

河南省封丘县地处河南省豫北平原黄河滩区，属暖温带半湿润季风气候。这里四季分明、气候温和、光热和水资源充足，非常适合金银花的生长。作为封丘县传统的中药材种植作物，金银花已有 1 500 多年的栽培历史。

（一）产业规模

封丘县从 1958 年开始小规模种植金银花，到 20 世纪 70 年代末，国家药材公司经过全国范围内的考察论证，确定在封丘建立金银花生产基地，封丘县成为全国著名的金银花生产基地。到1984年全县栽培面积已达1万亩，收购量为125吨。1999年，金银花种植面积为1万亩，年产干金银花1000吨。2003年3月，国家质量监督检验检疫总局通过了对封丘金银花原产地域产品的认证，并颁发了中国金银花原产地域产品认证书。同年11月，封丘县被省质量技术监督局认定为河南省无公害金银花标准化示范基地，对金银花占领国内外市场奠定了坚实的基础。同年，封丘县金银花种植面积达到10万亩，年产干品金银花6000吨以上。2006年，封丘县金银花种植面积达到30万亩，年产干品金银花9600吨以上。目前，封丘县是国家级金银花生产基地、河南省十大中药材生产基地，为多家药业的药源生产基地。全县种植面积已达30万亩，年产金银花1万吨以上，年销售收入10亿元，占全县国民生产总值的30%以上，金银花产业目前已成为该县重要支柱产业之一。

（二）政策措施

一是合理引导资源的产业开发，规范质量标准。封丘县政府高度重视金银花产业发展，按照市场规律合理引导、抓好资源的基地建设，促进金银花新产品开发，以高质量的产品带动产业的建设，把资源优势转化为经济优势。近年来，封丘县委、县政府顺应国内外市场需求，以增加农民收入为目标，出台了一系列优惠政策和措施。比如种植金银花，免收特产农业税；种植金银花的责任田，要保持相对稳定；并为金银花种植兴修水利、办电修路。此外，该县大力推行绿色无公害栽培，使金银花在品质上实现了质的跨越。还专门成立了"三部一院"，即金银花市场和综合利用开发部、基地建设部、综合联络部以及金银花研究院，完成了金银花规范种植标准操作规程，建立了金银花基因图谱，为金银花的长久发展打下了良好的基础。

二是组建龙头企业，拓展销售市场。封丘县政府投资960万元，建成了封丘金银花交易市场和封丘金银花网站，定期举办"中国·封丘金银花节"。同时，组织金银花生产、销售企业先后参加了"中欧地理标志研讨会""中国国际农产品交易会""中国上海林博会""河南国际贸易投资洽谈会"等贸易交流会，广泛宣传、推介封丘金银花。此外，实施品牌带动战略，叫响封丘金银花品牌。

三是加大宣传攻势，加强与国际国内合作。近几年，封丘县把金银花精深加工、拉长产业链条作为增加农民收入的重要举措。通过积极对外招商引资，吸引国内外著名的制药企业来封丘投资，兴办中药材加工企业及与科研单位合作，研制开发金银花精细包装、金银花袋装泡茶、金银花饮料、金银花化妆品、金银花牙膏等产品，全面提升金银花的产业水平。

四是依靠科技加强物种鉴定、品种选育及质量控制等研究，为金银花产业提供技术支持。封丘县主动与中国科学院、中国药科大学、河南农业大学、哈药集团等科研机构、大专院校和制药企业合作，培育新品种，推广新技术，提高质量，改善品质。县科技局聘请了中国科学院封丘农业生态实验站、河南农业大学等科研单位和大专院校的专家科研人员，在封丘县司庄乡开展金银花的增产试验，并获得成功。

五是按GAP要求实施规范化质量管理。在全县建立县、乡、村三级技术服务体系，指导农民采用新型、高效的农业种植模式。在示范园区建设中实行五统一，包括统一规划面积、统一配方施肥、统一生物农药防治、统一浇水灌溉、统一修剪。同时利用多种手段宣传发展绿色金银花的意义，普及种植技术知识，紧紧抓住土、肥、水、种、密、保、管、烘八个环节，实现标准化管理技术。通过以上举措，使全县金银花的生产逐步走向规范化和规模化，品质再次实现大幅度跨越。

在金银花生产中改进了传统的育苗繁殖方法，创新了计划密植早期丰产技术和立体修建、无明火梯温层移、热风循环三级梯温烘干技术，制定了《无公害金银花产地环境标准》

《无公害金银花产品标准》《无公害金银花生产技术规程》，撰稿并摄制了金银花生产加工技术教材《无公害金银花生产加工技术》，为建立金银花无公害标准化生产基地提供了科学依据。

六是提高科技素质，开展系列化服务。县科技局把技术培训、技术指导和技术服务作为金银花生产的重中之重。一是由专家和科技人员深入田间地头现场指导，及时解决群众生产中的技术难题；二是请县外专家和县里农艺师、有较好实践经验的花农举行金银花科学种植培训班；三是利用传媒搞好技术讲座；四是印发金银花科学种植手册，免费送到花农手中。通过技术指导、技术培训和技术服务，从根本上解决了广大花农的技术难题。

三、河北巨鹿金银花产业

巨鹿县地处河北省中南部，隶属河北省邢台市，土地总面积约631平方公里。县域耕地64万亩，辖7镇3乡291村，总人口约42万人，有"金银花之乡""中国最佳生态宜居县"的美誉。

（一）产业规模

金银花种植产业是巨鹿县最有特色和优势的扶贫产业。

自 1973 年，巨鹿县开始大规模种植金银花，至今已有近 50 年的历史。目前全县有金银花种植乡镇 6 个，金银花种植、销售专业合作社 98 家，约 80% 的花农加入合作社，种植面积达到 13 万亩，年产干花约 1 万吨，建有全国知名的金银花专业交易市场，注册了"巨鹿金银花"国家地理标志证明商标品牌。依托地域特色产业，全县 2013 年以来脱贫的 7.9 万人中，约 3.5 万人通过金银花产业实现增收。

（二）政策措施

巨鹿县委、县政府高度重视金银花产业的发展，将其当作一项富民强县的特色支柱产业来抓，金银花产业在巨鹿已形成了生产、加工、销售一条龙的产业链条，有力地推动了县域经济的发展，具体政策措施如下。

一是加强组织与引导。巨鹿县政府以整合农业项目资金、发展金银花产业为契机，从提高金银花行业的组织化程度入手，规范金银花种植、加工和销售。2010 年，在巨鹿县成立河北省金银花行业协会。依托"企业 + 协会 + 农户"的经营模式，推进金银花的标准化、规模化种植；发展扶持金银花种植、销售专业合作组织近百家，并组织 80% 的花农加入了合作社。社员基本上按照统一种苗、统一施肥、统一病虫害防治、统一管理、统一加工、统一销售的"六统一"进行生产和销售，实现了生产与市场的有效对接，进一步提升了全县金银花产业的组织管理水平。

二是加强技术支撑与服务工作。巨鹿县与北京中医药大学、中国中医科学院药用植物研究所、河北农业大学、河北省农林科学院建立了密切的科研合作关系。还与石家庄以岭药业股份有限公司签约并建立金银花规范化种植基地，对中药材的良种繁育、田间生产、采收加工、包装运输等实行规范化及标准化管理。对农民加强针对性培训，促进农户改变原有的种植和加工模式，以提高产品质量。通过举办各类培训班，培训专业技术人员、农民技术人员和普通农民等，为金银花产业发展提供了技术保障。

三是加强品牌创建。巨鹿县创建了多个自己的中药材商标品牌，充分挖掘了本地金银花的优势，并逐步推进金银花产业向深加工产品发展。县政府依托品牌引领作用，实施品牌创建战略，打造知名农业品牌，全面提升巨鹿金银花品牌影响力，加快巨鹿金银花的发展。

四是规范市场管理。巨鹿县已建有县城、上善、冀南三个金银花专业交易市场，成立了市场委员会和经纪人协会，制定了市场管理办法，建立了严格的市场监管制度，严厉打击掺杂使假，禁止劣质产品流入市场，确保市场交易公平。

第二章

金银花之品

第一节　金银花的种植

　　目前，市售金银花主要以种植为主。金银花属温带亚热带树种，适应性强，生长快，寿命长。对土壤和气候要求不严格，喜温和湿润气候、喜阳光充足，耐寒、耐旱、耐涝、耐瘠薄、耐盐碱。自然条件下，多生长在海拔 500～1 800 米的山谷、丘陵、林边、路旁、山坡灌丛或疏林中，亦能在山地棕壤、砂壤、壤土、黏土和石碴中生长。金银花的生长发育除与温湿度、土壤、光照等因素密切相关外，种植规范性和采收时间也会直接影响药材的产量和品质。因此，在适宜的产区，只有做到科学规范种植和及时采收，才能从根源上保证金银花的品质。

一、道地产区，品质之源

（一）金银花种植生态基础

　　1. 温湿度要求　温度影响着金银花生长期的长短及金银花的产量和质量。金银花喜温耐寒，生态适应性较强。适应生长温度为 15～25℃，气温高于 38℃或低于零下 4℃，生长受到影响，温度在 3℃以下停止生长，16℃以上新梢生长迅速，并开始孕育花蕾，20℃左右生长发育良好。

　　金银花喜湿润，耐旱、耐涝。空气相对湿度 65%～75%

为宜，大于 80% 或小于 60% 生长会受影响。因此，金银花适宜在年降水量 700～800mm 的地区种植。播种 10 天内降水量大于 25mm 才能正常出苗，扦插期降水量在 35～45mm，空气相对湿度以 70%～75% 为宜。开花期降水量在 20mm 左右为宜，花期雨水过多易灌花，形成哑巴花萎缩，降水过少易旱花。

2. 光照的影响　金银花为喜光植物，光照对花枝生长发育、花的产量和质量有重要影响。光照条件充足，利于促进绿原酸等次级代谢产物的合成和积累。年日照时数 1 800～1 900 小时，日日照时数 7～8 小时为佳。在阳坡、梯田地坎上长势良好，在阴坡、峡谷沟底、乔灌混交林中长势稍差。在自然生长、不加管理的情况下，金银花植株枝稠叶密，内部通风透光不良，易引起内部枝条干枯死亡，此时仅分布于在植株外围的枝条可以开花，因而产蕾量较低。

3. 土壤　金银花对土壤要求不严格，各类土壤均可种植。对土壤酸碱度适应性较强，在 pH 5.8～8.5 范围内可正常生长，以土质疏松、肥沃、排水良好的砂质壤土为宜，在 pH 6.2～7.6 的砂壤土、轻壤土、中壤土和褐色森林土上生长良好，在深厚、肥沃、湿润的褐色森林土和砂壤土中生长最好，在贫瘠荒地生长缓慢，冠幅小，产量低。

（二）金银花道地产区

金银花道地产区主要分布在山东平邑、费县，河南封丘、新密和河北巨鹿等地。上述地区自然条件大体相同，气候类型同属于暖温带季风性半干旱气候，植被区划同属于暖温带南部落叶栎林区，水文区划同属于豫西淮北山东地带（华北区），气候区划同属于南亚热带湿润大区，自然条件比较适于金银花的种植。

平邑县地处鲁东南、沂蒙山区腹地，山丘起伏，河流纵横，四季分明，年温高，日照长，降水较少而集中。年平均气温13.2℃，无霜期212天。5—10月平均气温在14.7～20.1℃，其中5月的平均气温为20.1℃，利于金银花生长。年均降水量784.8mm，6—9月降水占全年总降水的65%，以7月降水最多，占全年总降水量的32.4%。年平均相对湿度为54%，夏季最大，春季最小。年平均日照2 622.4小时，日照率58%。

封丘县地处豫北平原黄河滩区，四季分明，气候温和，光热、水资源充足。≥5℃积温超过5 000℃·d，年平均气温14.0℃，无霜期214天。稳定通过3℃日期为2月28日，初终间日数为276天，即金银花全年生长期可达276天。年均降水量615.1mm，主要集中在夏季；6—8月降水量

345.7mm，占全年总降水量 50% 以上；春季 3—5 月降水量 102.8mm，年际变化明显。年平均相对湿度为 70%，5—6 月和 9—10 月平均相对湿度在 66%~78% 之间，7—8 月平均相对湿度在 80%~83% 之间。平均年日照时数 2 142.4 小时，日照时数百分率 48%，5 月、6 月日照时数最多，日照百分率 54%。

巨鹿县地处冀南平原，四季分明，年温及日温差异较大，温度适宜，热量较多，光照充足。≥0℃积温 4 962.2℃·d，≥10℃积温 4 663℃·d。年平均气温 13.5℃，5 月的平均气温 20.1℃，无霜期 215 天。年均降水量 502.7mm，降水多集中于 7 月、8 月。年平均日照 2 448.4 小时，日照充足，5 月、6 月日照时数最多。

小贴士　积温

积温是作物生长发育阶段内逐日平均气温的总和，是衡量作物生长发育过程热量条件的一种标尺，也是表征地区热量条件的一种标尺，以℃·d 为单位。通常包括活动积温和有效积温两种。活动积温（一般简称积温）是大于某一临界温度值的日平均气温的总和，如日平均气温≥10℃的活动积温。某种作物完成某一生长发育阶段或完成全部生长发育过程，所需的积温为一个相对固定值。有效积温是扣除生物学下限温度（有时同时扣除生物学上限温度），对作物生长发育有效的那部分温度的总和。即扣除对作物有害的温度部分，使热量条件与作物生长发育更趋一致。

二、规范种植，品质之根

（一）整地施肥

育苗地：选靠近水源，排灌好，土质疏松肥沃，富含腐殖质，排水良好的砂质壤土。每亩施厩肥3 000kg、过磷酸钙50kg，均匀撒于地面，深翻30cm，耕细整平，作宽1.2m高畦或平畦，进行育苗。

移栽定植地：选疏松肥沃、排水良好的砂质壤土，也可选山坡、路边、田埂，房前屋后篱笆旁等闲散地块移栽。选地后，施足基肥，深翻土地，耙细整平进行穴栽。

（二）繁殖育苗

可通过扦插、压条、分株、嫁接、组织培养等方法无性繁殖，也可采用种子繁殖。其中扦插法比较简便，容易成活，生产上使用较多。

1. 扦插繁殖　分为直接扦插和扦插育苗两种方法。扦插多在雨季进行，此时高温高湿扦插成活率较高。挑选长势旺盛、无病虫害的植株，1~2年生健壮、充实的枝条，截成30cm左右，使断面呈斜形作为插穗。可结合夏剪和冬剪采集。选用结果母枝作插穗者，上端宜留数个短梗。

直接扦插宜在7—8月，选阴雨天扦插。穴距1.3~1.7m，肥沃土壤可适当增大株距，穴深、宽各35cm。每穴施厩肥或堆肥3~5kg，每穴斜放5~6根插条，分散成扇形，露出地面10~15cm，填土压实，浇透水，保持土壤湿润，半月左右即可生根。

育苗扦插宜在7—8月，在整好的苗床上，按行距25cm左右开沟，沟深25cm左右，每隔3cm左右斜插入一根插条，地面露出15cm左右，填土压实，浇透水。如天气干燥，要经常适量浇水，保持土壤湿润。半月左右即可生根，于第二年春季或早春移栽。

2. 压条繁殖　利用金银花枝条柔软易弯曲、触土易生根的特点，可进行压条繁殖。金银花一年有春、秋两季萌芽的特点，可于春季或秋季，在压条处附近地面锄松表土，选择2~3年生、无病虫害的粗壮枝条，春季在4月、5月，秋季在7月、8月阴雨天，将母株枝条刮伤表皮7cm左右，将伤处压入土中踏实，上盖湿润细土一层，上面用土块或石块压紧。压条处经常浇水，保持湿润。可于当年秋季将成活的压条截离母体移栽。

3. 种子繁殖　于 11 月采摘黑色成熟果实，在清水中将果皮搓洗去净，阴干，弃去秕种，备用。可冬播或春播。冬播应在土壤封冻前；春播多在 3 月中旬，将种子放到 40 ~ 45℃温水中，浸泡 24 小时，取出 2 倍湿砂拌匀，进行催芽，1/3 种子露白时即可播种。通常采用畦播，将整好的苗床浇透水，待表土稍松干，平整畦面，按行距 20cm 左右，每畦划 3 条深约 1.5cm 的浅沟，将催芽种子均匀地撒播在沟内，覆盖 0.5cm 厚细土，稍压实，盖一层薄草保温保湿，每隔 1 天喷一次水，10 天左右即可出苗。出苗 30% 左右揭去盖草，畦内幼苗长满后应间苗，每亩 15 万 ~ 16 万株即可。加强苗期松土除草、浇水、追肥等田间管理。当年秋季落叶后或翌年早春萌芽前进行移栽。在整好的移栽地上，按行距 1.5 ~ 1.7m，株距 1.2 ~ 1.5m 开穴，穴径、穴深各 30cm，挖松穴底，每穴施厩肥 5 ~ 8kg，与底土拌匀，每穴栽苗一株，填土压实，浇透水，并保持穴土湿润，以利成活。

（三）田间管理

1. 合理密植　金银花群体结构的合理化一般通过前期密

植、后期修整，使群体内植株对光、温、水、气、肥的竞争调整到总体效益最大化，以提高群体的通风透光性和水肥利用率，实现植株群体结构和密度合理化。合理密植一般指的是前期的合理密植。

2. 整形修剪 金银花的自然更新能力很强，新生分枝多。开过花的枝条，当年继续生长，但不再开花，只有在原结花的母枝上萌发的新枝条才能进行花芽分化，形成花蕾。只有通过合理修剪，有效控制株型和枝条的生长发育，才能有效促进植株新枝的萌发、花芽的分化和花蕾形成。剪枝遵循"因枝修剪、随墩造型、平衡墩势、通风透光"的原则。金银花的修剪可分冬剪和绿期修剪。

冬剪：休眠期的修剪，从 12 月至来年 3 月上旬。4 年以下的植株为幼年植株，主要通过修剪选留骨干枝、培育墩形。当主干高 40～50cm 时，去掉顶梢，促进侧芽萌发成新枝条，翌年春季萌发后，在主干上选 4～6 条粗壮、分布匀称的枝条为主枝，主枝上长出分枝，保留 4～6 个芽，剪去上部枝梢，再分级修剪两次，使枝条分布均匀，修剪过长枝、枯枝、病弱枝、向下延伸枝，使枝条成丛直立，最后形成主干粗壮直立，分枝层次分明、疏密均匀、通风透光好的伞形灌木状植株。5 年后，金银花进入结花盛花期，成龄株骨架已基本形成，主要通过修剪选留健壮的结花母枝，利用新生枝条调整骨干枝角度，并调整更新二级、三级骨干枝。20年后的金银花，植株逐渐衰老，此时的修剪除留下足够的开花母枝外，主要是进行骨干枝更新复壮，以保持产量。

绿期修剪：生长期修剪，从5月至8月中旬，在金银花采收以后进行，目的是促进多茬花的形成，提高产量。第1次剪春梢在头茬花后的5月下旬至6月上旬，第2次剪夏梢在7月中下旬二茬花后，第3次剪秋梢在9月上中旬三茬花后。绿期修剪以疏枝和短截为主，去掉病弱枝和过密徒长枝即可。

视频2-1

金银花的整形修剪

3. **打顶**　当年新抽的枝能发育成花枝，打顶能促使多发新枝。打顶时，从母株长出的主干留1～2节，2节以上摘掉，从主干长出的一级分枝留2～3节，一级分枝长出的二级分枝留3～4节，二级分枝长出的花枝一般不再打顶。通过打顶使植株形成丛生灌木状，增大营养空间，促使花蕾大批量提早形成。

4. **中耕除草**　栽种成活后，每年中耕除草3～4次。第1次在春季萌芽发出新叶时进行，第2次在6月，第3次在7—8月，第4次在秋末冬初。中耕除草后还应于植株根际培土，以利越冬。中耕时，在植株根际周围宜浅，远处可稍深，避免伤根影响植株根系的生长。第3年以后，视杂草生长情况，可适当减少中耕除草次数。

5. 施肥　金银花是多年生、多次开花的药用植物，需肥量很大，应做到一年多次施肥。冬季封冻前，每墩施厩肥或堆肥 5～10kg、硫酸铵 100g、过磷酸钙 200g，可在植株周围开环状沟施入，施后用土盖肥并及时浇水。每年早春萌发后和每次采花蕾后，都应进行 1 次追肥。春、夏季施用腐熟的人畜粪水或硫酸铵、尿素等氮肥，于株旁开浅沟施入。

6. 及时排灌　在过度干旱和积水时，会出现大量落花、沤花、幼蕾破裂、花蕾瘦小等问题，导致药材品质下降，因此要及时做好灌溉和排涝工作。一般在封冻前浇 1 次，翌春土地解冻后浇 1～2 次，以后在每茬花蕾采收前，结合施肥浇 1 次。每次追肥时都要结合灌水，土壤干旱时也要及时浇水。浇水时间最好在早晨或上午进行。

7. 病虫害防治　金银花主要虫害有中华忍冬圆尾蚜、忍冬细蛾、棉铃虫、红蜘蛛、咖啡虎天牛、柳干木蠹蛾、金银花尺蠖、银花叶蜂、绿刺蛾、蛴螬等 30 余种；主要病害包括金银花褐斑病、白粉病、枯萎病、根腐病、炭疽病、锈病等。

金银花是药食两用中药，其病虫害防治应坚持"预防为主，综合防治"的方针，以农业防治为基础，农业措施与化学防治相结合，科学使用无公害农药，严格禁止使用剧毒、高毒、高残留或者"三致"（致癌、致畸、致突变）农药，综合运用各种防治措施，减少病虫害所造成的损失。特别注意最后一次施药距采收间隔天数不得少于规定的天数。

金银花的主要病虫害防治

三、应时采收，品质之基

金银花具有多次抽穗、多次开花的习性，花期从 5 月中旬到 9 月底，长达 4 个月。在自然生长状态下，第一茬花在 5 月中下旬现蕾开放，6 月上旬结束，花量大，花期集中。以后只在长壮枝抽生二次枝时形成花蕾，花量小，且花期不整齐。若加强管理，经人工修剪，合理浇水施肥，则每年可控制分期，使其较集中地开花 3～4 次。第一茬花产量最高，可占全年产量一半以上，以后各茬花的产量逐渐降低。

金银花从孕蕾到开放需 5～8 天，大致可分为幼蕾（绿色小花蕾，长约 1cm）、三青（绿色花蕾，长 2.2～3.4cm）、二白（淡绿白色花蕾，长 3～3.9cm）、大白（白色花蕾，长 3.8～4.6cm）、银花（刚开放的白色花，长 4.2～4.7cm）、金花（花瓣变黄色，长 4～4.5cm）和凋花（棕黄色）7 个阶段。经验认为，最适宜的采摘标准是：花蕾由绿色变白，上白下绿，上部膨胀，尚未开放。这时的花蕾按花期划分是二白期和大白期（图 2-1）。

图 2-1 金银花的不同花期

注：从左至右依次为幼蕾、三青、二白、大白、银花、金花期。

黎明至早 9 点以前为采摘花蕾的最佳时间，此时采摘的金银花干燥后呈青绿色或绿白色，色泽鲜艳，折干率高，约 4.2kg 鲜品出 1kg 干品。采摘金银花使用的盛具必须透气，一般使用竹篮或条筐，不能用不透气的布包或塑料袋等，以防浸湿花蕾或发热发霉变黑等。采摘的花蕾均应轻轻放入盛具内，要做到轻摘、轻握、轻放。并且采摘时应注意保护植株，只采花蕾，不能连花带枝、叶一起采下，以免影响植株发育（图 2-2）。

金银花的
采收

图 2-2　林永强、郭东晓等赴金银花种植基地采集样品

第二节　金银花的加工与炮制

一、金银花的产地加工方法

　　产地加工方法是影响药材质量的重要因素之一，也关系到药农的经济效益。金银花传统的加工方法有晒干法、阴干法、烘干法、蒸制干燥法、杀青烘干法和炒制干燥法等。随着科技的发展，还出现了真空干燥、真空冷冻干燥、微波干燥等新加工技术。

（一）晒干法

　　将采摘的花蕾均匀地撒在山坡石板、房顶、水泥场地上，或编制的条筐、苇席或高粱秆箔上日晒，厚薄可根据阳光强弱掌握，以 3～6cm 为宜。花蕾未干前不能触动，否则易变黑或碎断。在编制工具上晒制时，傍晚后可收回房内或棚下，晒具要架起来以通风、防潮（图 2-3、图 2-4）。花蕾用手抓起握之有声，一搓即碎，一折即断，含水量约 5%，可装入塑料袋或其他盛具内贮藏。晒干成品以绿白色质量最佳，色黄者次之，发黑者为劣。

 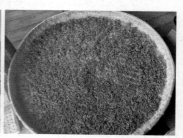

图 2-3　金银花晾晒　　　　　图 2-4　金银花晾晒工具

（二）阴干法

如遇天气不好而不能进行日晒，可将鲜品置通风处摊薄晾干，待完全干燥后密封保存。阴干法干燥时间长，条件不宜控制，绿原酸含量低于晒干法产品，少量金银花可采用该法，无法适应大生产需要。

（三）烘干法

晒干法、阴干法得到的药材质量不稳定，无法适应大规模生产需求，生产上主要采用烘干法（图2-5）。将花蕾放在烘房内，利用加温、通风设备使之干燥。该法不受天气影响，干品质量好，售价高。技术人员开发了四段烘干法：初烘时温度控制在30℃，2小时后温度提高到40℃左右，再经5～10小时后，温度提高到45～50℃，维持10小时，最后温度升至55℃，总时间约20小时。烘干时不能翻动，否则易变黑；未干时不能停烘，否则会变质。干燥标准为捏之有声、碾之即碎。

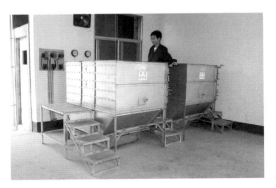

图 2-5　金银花烘干设备

（四）机器杀青烘干法

杀青，是绿茶等茶叶的一种制茶步骤。主要目的为通过高温破坏或钝化鲜叶中的氧化酶活性，抑制鲜叶中茶多酚等的酶促氧化；蒸发鲜叶部分水分，使茶叶变软，便于揉捻成形；同时散发青臭味，促进香气的形成。

借鉴加工绿茶的办法，通过杀青，灭活鲜品金银花中的多酚氧化酶，再进行干燥。多酚氧化酶活性在 55℃ 活性最大，65℃ 开始突降，85℃ 基本失活。杀青要点是必须快速升温，短时间内越过酶活性较强的阶段，使酶失活。目前常用的有滚筒杀青、蒸汽杀青、微波杀青等方式。机器杀青烘干法得到的成品外观佳，绿原酸等成分含量高（图 2-6）。

图 2-6　金银花机器杀青烘干

视频 2-4

金银花的滚筒杀青干燥

（五）其他干燥方法

真空远红外辐射干燥是在低压及无氧情况下进行非接触低温加热，能够缩短干燥时间，保持药材性状，减少药材成分变化。

冷冻干燥法先把鲜花放入低温冰箱中冷冻，然后用冷冻干燥机将药材中水分升华而进行干燥，得到的金银花成品外观性状较好。

微波干燥法是利用微波进行干燥，加热时间短，能透入药材内部加热，无须高温介质，而且杀灭了微生物和昆虫，利于贮藏。

二、金银花的炮制方法

小贴士　炮制

中药炮制是依照中医药理论和患者治疗需求，以及中药材自身特点，对原药材进行净制、切制和炮炙等一系列处理的过程。

金银花在临床应用中有生药、炒药、炭药、蜜金银花等，性味和功效有差别。金银花饮片的质量标准如表 2-1 所示。

表 2-1　金银花饮片质量标准

品名	炮制	规格	收载标准
金银花		药材	《中国药典》(2020 年版)一部
炒金银花	清炒	饮片	上海市中药饮片炮制规范(2008 年版)
炒金银花	清炒	饮片	浙江省中药炮制规范(2015 年版)
金银花炭	炒炭	饮片	山东省中药饮片炮制规范(2012 年版)
金银花炭	炒炭	饮片	广东省中药饮片炮制规范(第一册)
金银花炭	炒炭	饮片	天津市中药饮片炮制规范(2018 年版)
金银花炭	炒炭	饮片	浙江省中药炮制规范(2015 年版)
金银花炭	炒炭	饮片	安徽省中药饮片炮制规范(2019 年版)
金银花炭	炒炭	饮片	上海市中药饮片炮制规范(2008 年版)
金银花炭	炒炭	饮片	河南省中药饮片炮制规范(2005 年版)
蜜金银花	蜜炙	饮片	广东省中药饮片炮制规范(第一册)

（一）生药

鲜金银花经过日晒、阴干、烘干等方法制成的干品（如图 2-7）。生药味甘微苦，性寒，善清解上焦和肌表之毒邪，可用于温病初期，治疗痈疽疔毒、红肿疼痛。

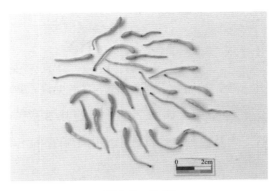

图 2-7　生药

（二）炒药

　　金银花置锅内，文火炒至深黄色为度（如图 2-8）。炒药味甘微苦，性寒偏平，其清热解毒之功较弱，善走中焦和气分，多用于温病中期或邪热内盛而见发热烦躁、胸膈痞闷等。

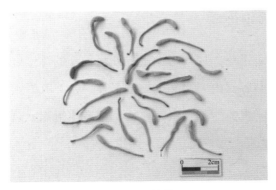

图 2-8　炒药

（三）炭药

用武火清炒，炒至焦黄或稍黑，喷水少许，熄灭火星，盛出凉透，贮存备用（如图 2-9）。炭药味甘微苦涩，性微寒，重在清下焦及血分之热毒，主要用于治疗痢疾等。

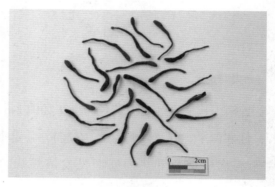

图 2-9　炭药

（四）蜜金银花

取净金银花，加入用少量冷开水稀释的炼蜜，拌匀，闷润，置炒制容器内，用文火炒至不黏手，并有蜂蜜焦香时取出，放凉。蜜炙缓和金银花寒性，可清热解毒、疏散风热、用于痈肿疔疮、喉痹、丹毒、热毒血痢等。

第三节 金银花的鉴别

一、质量标准收载情况

（一）历版《中国药典》收载情况

　　《中国药典》从 1963 年版开始收载金银花药材，此后历版均有收载。最初收载的检验项目只有性状鉴别，后来随着检验仪器和技术的发展，质量控制手段不断完善提高，目前已收载了性状、显微鉴别、薄层色谱鉴别、重金属及有害元素检查、特征图谱和多种指标成分含量测定等项目，实现了金银花质量的综合控制，为人民群众用药安全性和有效性提供了保障（表 2-2）。

> **小贴士　《中华人民共和国药典》简介**
>
> 　　《中华人民共和国药典》（简称《中国药典》）是国家药品标准体系的核心，是法定的强制性标准。1953 年，我国颁布了第一版《中国药典》。1978 年以后，《药品管理法》明确了药品标准的法定地位，药品标准工作和《中国药典》制修订工作步入法制化轨道，每五年颁布一版。迄今为止，我国已经颁布实施了 11 版药典。

表 2-2　历版《中国药典》收载金银花质量标准情况

版次	来源	性状	鉴别	检查	含量
1963年版	忍冬科植物忍冬 *L. japonica* Thunb. 的干燥花蕾	收载	未收载	未收载	未收载
1977年版	忍冬科植物忍冬 *L. japonica* Thunb.、红腺忍冬 *L. hypoglauca* Miq.、山银花 *L. confusa* DC. 或毛花柱忍冬 *L. dasystyla* Rehd. 的干燥花蕾或带初开的花	收载	未收载	未收载	未收载
1985年版	同 1977 年版	收载	绿原酸薄层色谱鉴别	未收载	未收载
1990年版	同 1977 年版	收载	同 1985 年版	未收载	未收载
1995年版	同 1977 年版	收载	同 1985 年版	总灰分、酸不溶性灰分	未收载
2000年版	同 1977 年版	收载	同 1985 年版	同 1995 年版	绿原酸
2005年版	忍冬科植物忍冬 *L. japonica* Thunb. 的干燥花蕾或带初开的花	收载	同 1985 年版	水分、总灰分、酸不溶性灰分、重金属及有害元素	绿原酸、木犀草苷
2010年版	同 2005 年版	收载	同 1985 年版	同 2005 年版	同 2005 年版

版次	来源	性状	鉴别	检查	含量
2015年版	同 2005 年版	收载	显微鉴别、绿原酸薄层色谱鉴别	同 2005 年版	同 2005 年版
2020年版	同 2005 年版	收载	显微鉴别、绿原酸薄层色谱鉴别、特征图谱	同 2005 年版	酚酸类、木犀草苷

（二）其他标准收载情况

金银花应用范围广泛，其他标准也有收载（表 2-3）。

表 2-3　其他标准收载金银花质量标准情况

标准名称	来源	性状	鉴别	检查	含量
中医药金银花国际标准(ISO 21317)	忍冬科植物忍冬 *L. japonica* Thunb. 的干燥花蕾	收载	显微鉴别、绿原酸、木犀草苷薄层色谱鉴别	水分、总灰分、酸不溶性灰分、重金属	醇溶性浸出物、绿原酸、木犀草苷
香港中药材标准第七期	忍冬科植物忍冬 *L. japonica* Thunb. 的干燥花蕾	收载	显微鉴别、绿原酸、木犀草苷薄层色谱鉴别、指纹图谱	重金属、农药残留、霉菌毒素、杂质、总灰分、酸不溶性灰分、水分	水溶性浸出物、醇溶性浸出物、绿原酸、木犀草苷

标准名称	来源	性状	鉴别	检查	含量
台湾中药典第三版	忍冬科植物忍冬 *L. japonica* Thunb. 的干燥花蕾或带初开的花	收载	显微鉴别、金银花对照药材、绿原酸薄层色谱鉴别	干燥减重、总灰分、酸不溶性灰分、二氧化硫、砷、镉、汞、铅	绿原酸、水抽提物、稀乙醇抽提物

二、金银花质量鉴别方法

（一）性状鉴别法——"眼观、手摸、鼻闻、口尝"

性状鉴别是指通过眼观、手摸、鼻闻、口尝的方法来观察中药的形、色、气味、质地、断面等特征，也可通过水试、火试等简单的理化反应来区分中药的真伪优劣，这需要积累丰富的鉴别经验。金银花历来以花蕾多、色淡、气清香者为佳。金银花药材性状鉴别特征如下（图 2-10 ~ 图 2-15 ）：

形状：呈棒状，上粗下细，略弯曲。

大小：长 2 ~ 3cm，上部直径约 3mm，下部直径约 1.5mm。

表面特征：表面黄白色或绿白色（久贮色渐深），密被短柔毛。偶见叶状苞片。花萼绿色，先端 5 裂，裂片有毛，长约 2mm。开放者花冠筒状，先端二唇形。

内部特征：雄蕊 5 枚，附于筒壁，黄色；
雌蕊 1 枚，子房无毛。

气味：气清香，味淡、微苦。

视频2-5

金银花的
性状鉴别

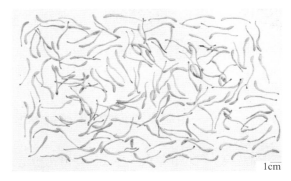

1cm

图 2-10　金银花药材

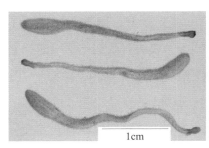

1cm

1 000μm

图 2-11　金银花表面特征　　　图 2-12　金银花苞片
　　（示密被短柔毛）

图 2-13　金银花　　　图 2-14　金银花花冠　　　图 2-15　金银
花萼　　　　　　　　　　　　　　　　　　　　　花雄蕊、雌蕊

（二）显微鉴别法——用显微镜的眼睛探秘金银花

据《中国药典》（2020 年版）描述，金银花粉末为浅黄棕色或黄绿色。腺毛较多，头部倒圆锥形、类圆形或略扁圆形，4 ～ 33 个细胞，排成 2 ～ 4 层，直径 30 ～ 64（ ～ 108）μm，柄部 1 ～ 5 个细胞，长可达 700μm。非腺毛有两种：一种为厚壁非腺毛，单细胞，长可达 90μm，表面有微细疣状或泡状突起，有的具螺纹；另一种为薄壁非腺毛，单细胞，甚长，弯曲或皱缩，表面有微细疣状突起。草酸钙簇晶直径 6 ～ 45μm。花粉粒类圆形或三角形，表面具细密短刺及细颗粒状雕纹，具 3 个孔沟（见图 2-16）。

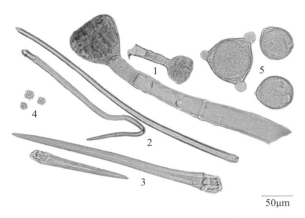

1. 腺毛；2. 薄壁非腺毛；3. 厚壁非腺毛；

4. 草酸钙簇晶；5. 花粉粒。

图 2-16　金银花粉末显微图

（三）理化分析法——现代化的质量控制方法

理化分析法是借助现代仪器设备，如薄层色谱仪、高效液相色谱仪、原子吸收分光光度计等，对金银花中主要化学成分进行鉴别、检查、含量测定等。特别对于含金银花的中成药，如银黄颗粒、连花清瘟胶囊、双黄连口服液、银翘解毒颗粒等，理化分析更为重要。

1. 金银花的化学成分　从金银花中分离鉴定的化学成分结构类型比较丰富，包括有机酸类、黄酮类、环烯醚萜类、三萜皂苷类、挥发油类、微量元素等。

有机酸类被认为是金银花清热解毒的主要药效物质。金银花中的有机酸类，以咖啡酰奎宁酸类化合物为主，此类化合物是由咖啡酸和奎宁酸通过酯键连接而成的有机酸类成分。在金银花药材及其提取物中发现的这类化合物主要有 6 种（图 2-17、表 2-4），包括新绿原酸（3-*O*- 咖啡酰奎宁酸）、绿原酸（5-*O*- 咖啡酰奎宁酸）、隐绿原酸（4-*O*- 咖啡酰奎宁酸）、3,4-*O*- 二咖啡酰奎宁酸、3,5-*O*- 二咖啡酰奎宁酸、4,5-*O*- 二咖啡酰奎宁酸（图 2-18、图 2-19）。金银花药材中咖啡酰奎宁酸类化合物主要以绿原酸和 3,5-*O*- 二咖啡酰奎宁酸的形式存在，在制备提取物和制剂过程中，绿原酸和 3,5-*O*- 二咖啡酰奎宁酸发生异构化，部分转化为其余 4 种异构体。

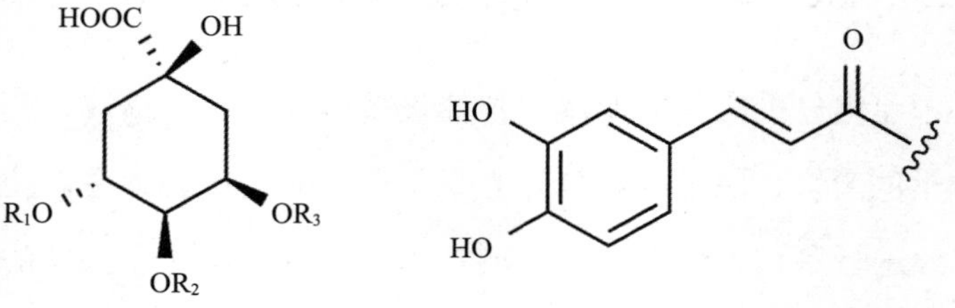

咖啡酰基（Caffeoyl group）

图 2-17　金银花中的 6 个咖啡酰奎宁酸化合物结构

表 2-4　金银花药材及其提取物中发现的 6 种化合物

化合物名称	R_1	R_2	R_3
新绿原酸	H	H	caffeoyl

绿原酸	caffeoyl	H	H
隐绿原酸	H	caffeoyl	H
3,4-*O*- 二咖啡酰奎宁酸	H	caffeoyl	caffeoyl
3,5-*O*- 二咖啡酰奎宁酸	caffeoyl	H	caffeoyl
4,5-*O*- 二咖啡酰奎宁酸	caffeoyl	caffeoyl	H

金银花中的黄酮类化合物有 5,7- 二羟基黄酮、5- 羟基 -7,4'- 二甲氧基黄酮、木犀草素、木犀草苷（木犀草素 -7-*O*-β-D- 葡萄糖苷）、金圣草黄素、忍冬苷、槲皮素等；环烯醚萜类化合物有马钱素、7- 表马钱素、番木鳖酸、裂环马钱素、裂环马钱酸、当药苷（獐牙菜苷）、金吉苷、裂环马钱苷等。

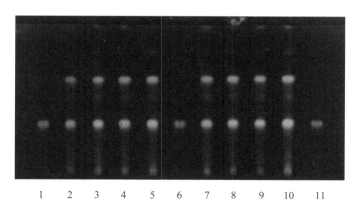

图 2-18　金银花薄层色谱〔鉴别〕项的检验结果

注：1、6、11 为绿原酸对照品，2～5、7～10 为金银花样品；
检验依据为 2020 年版《中国药典》。

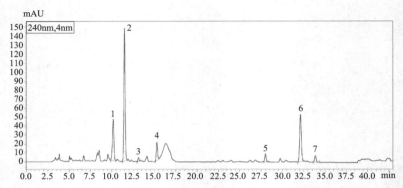

图 2-19　金银花高效液相色谱〔特征图谱〕项的检验结果

注：峰 2～峰 7 依次为绿原酸、当药苷、断氧化马钱子苷、(Z)- 二聚断马钱
苷烯醛、3,5-O- 二咖啡酰奎宁酸和 4,5-O- 二咖啡酰奎宁酸；检验依据为
2020 年版《中国药典》。

　　金银花与同属的灰毡毛忍冬、红腺忍冬、黄褐毛忍冬、
华南忍冬在化学成分上有差异，主要表现在灰毡毛忍冬、红
腺忍冬、黄褐毛忍冬、华南忍冬中含有大量灰毡毛忍冬皂苷
乙、川续断皂苷乙，而金银花中基本不含上述成分。

　　2. 金银花质量控制方法研究　近年来，中国食品药品检
定研究院中药民族药检定所与山东省食品药品检验研究院对
金银花质量控制方法进行了研究，利用双标多测、一测多评、
特征图谱等方法对金银花药材、提取物和制剂中 6 种咖啡酰
奎宁酸类化合物进行测定，提高了检验效率（图 2-20）。同时，
针对在检验中发现的以山银花（主要植物来源为灰毡毛忍冬）

代替金银花投料的非法行为，建立了以山银花与金银花的主要区别成分——灰毡毛忍冬皂苷乙作为指标的测定方法，有效打击了违法行为，保证了药品质量（图2-21、图2-22）。

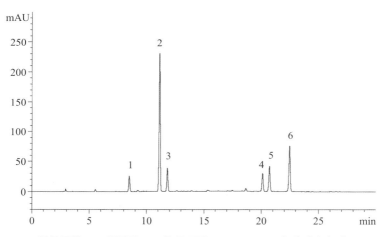

1. 新绿原酸；2. 绿原酸；3. 隐绿原酸；4. 3,4-*O*-二咖啡酰奎宁酸；
5. 3,5-*O*-二咖啡酰奎宁酸；6. 4,5-*O*-二咖啡酰奎宁酸。

图 2-20　金银花提取物特征图谱

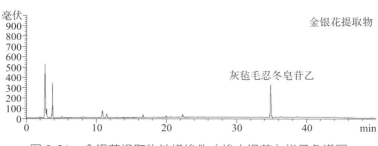

图 2-21　金银花提取物涉嫌掺伪（掺山银花）样品色谱图

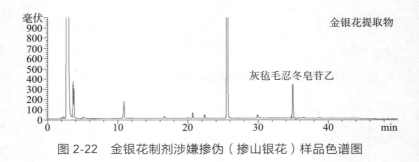

图 2-22　金银花制剂涉嫌掺伪（掺山银花）样品色谱图

三、金银花外源性有害物质残留情况

　　1. 金银花中的农药残留及其检测方法　金银花为多年生药用植物，在生长过程中常见的病虫害有 40 余种。其中病害近 10 种，如褐斑病、白粉病等；虫害 30 余种，主要是鳞翅目、鞘翅目和同翅目害虫。使用农药防治金银花的病虫害，是目前保证金银花产量和质量的常用方法。因此，金银花的农药残留成为众多学者关注的焦点。据统计，目前报道的金银花中的农药残留种类包括有机氯类、有机磷类、拟除虫菊酯类、三唑类等，多属于杀菌剂、杀虫剂。金银花中农药残留常用的检测方法有气相色谱法、气相色谱串联质谱法、液相色谱法、液相色谱串联质谱法、超高液相色谱串联质谱法等，根据农药残留成分理化性质的不同，选择不同的仪器和方法进行检测。

小贴士 农药种类及农药超标的危害

农药按用途不同，分为杀虫剂、杀菌剂、杀螨剂、杀鼠剂、杀软体动物剂、杀线虫剂、除草剂和植物生长调节剂等；按来源不同，分为矿物源农药（无机化合物）、生物源农药（天然有机物、抗生素、微生物）及化学合成农药三大类。目前，化学合成农药应用最为广泛。在农产品生产过程中，为保证产量，常过量使用农药，造成农药残留超标。残留有农药的农产品被食用后，可能在人体内长期蓄积而引发慢性中毒，降低人体免疫力，诱发许多慢性疾病，如心脑血管病、糖尿病、神经系统疾病、癌症等。其中，有机磷和氨基甲酸酯类农药可抑制体内的乙酰胆碱酯酶，容易造成急性中毒，甚至危及生命。有机氯类农药不仅易在脂肪中蓄积，造成慢性中毒，严重危害人体健康，而且其性质十分稳定，在禁用数年后，仍能检测到它的残留，危害子孙后代的健康。

2. 金银花中重金属及有害元素的检测方法 重金属通常是指密度大于或者等于 $5g/cm^3$ 的金属，比如汞、镉、铅、铜、铬等 40 余种元素。目前已确认对人体健康有较大危害的重金属有汞、铬、铅、镉等。此外，由于砷的毒性及生物活性与有毒重金属元素类似，《中国药典》从 2005 年版开始，增加了金银花中重金属及有害元素检查项，对金银花中的铅、镉、砷、汞、铜的含量进行测定，并规定其限度，检测方法为原子吸收分光光度法和电感耦合等离子体质谱法。

小贴士 **重金属及有害元素超标的危害**

当人体摄入的重金属及有害元素超过最大阈值时，会对人体健康造成不可忽视的危害。例如，铅可抑制血红蛋白的合成，从而导致溶血性贫血，对中枢、外围神经系统也有毒性作用；血铅浓度的升高会阻碍儿童的认知发展，降低智力思维活动；镉会降低肾脏的吸收功能和机体免疫力，并导致骨质疏松和软化，从而引起骨节变形、全身疼痛、关节受损；砷会导致神经衰弱、呕吐、肝痛、腹痛等，并提高皮肤癌、肺癌、肝癌、肾癌等的发病率；汞主要在神经、肾脏、心血管、生殖及免疫系统等方面对人体产生毒害作用，尤以神经毒性最为严重，主要中毒表现为行为障碍和精神障碍，主要症状包括语言、视觉、听觉障碍，感觉异常，四肢乏力；铜过量可使血红蛋白变性，造成细胞膜损伤并抑制一些酶的活性，从而影响机体的正常代谢，同时还会导致心血管系统疾病等。

3. 金银花的二氧化硫残留检测方法 硫黄熏蒸中药材是以硫黄燃烧生成的二氧化硫气体直接杀死药材及饮片的霉菌、虫害，是传统习用且简便、易行的方法，适量且规范的硫黄熏蒸可以达到防腐、防虫的目的，但硫黄过度使用甚至滥用，不仅对中药材及饮片质量产生影响，而且会对人体造成损害。为保证药材及饮片的安全性和有效性，2010年版《中国药典》首次收载了二氧化硫残留量测定方法，采用氧化还原滴定法进行测定。后来，检测方法有所修订，2015年版和2020年版《中国药典》均收载了酸碱滴定法、气相色谱法和离子色谱法3种二氧化硫残留量测定方法。

二氧化硫残留量超标的危害

　　研究表明，二氧化硫是一种全身性毒物，能引起多种器官损伤和疾病，尤其以消化道、呼吸道、血液系统和大脑最为严重，能够引起气道阻塞性疾病，如气管炎、哮喘、肺气肿等疾病，甚至与肺癌的发生有关。

四、金银花的商品规格与等级划分

　　1984 年，国家医药管理局与卫生部在国药联财字（84）第 72 号文附件中规定了金银花的等级标准，按照产区分为东银花（山东产）、密银花（河南产），按照开花数目、色泽、杂质等再分四级。详见表 2-5。

表 2-5　金银花等级标准

商品	规格
东银花	一等：干货。花蕾呈棒状，肥壮，上粗下细，略弯曲。表面黄、白、青色。气清香，味甘微苦。开放花朵不超过 5%。无嫩蕾、黑头、枝叶、杂质、虫蛀、霉变 二等：干货。花蕾呈棒状，较瘦，上粗下细，略弯曲。表面黄、白、青色。气清香，味甘微苦。开放花朵不超过 15%，黑头不超过 3%。无枝叶、杂质、虫蛀、霉变

商品	规格
东银花	三等:干货。花蕾呈棒状,瘦小,上粗下细,略弯曲。外表黄、白、青色。气清香,味甘微苦。开放花朵不超过25%,黑头不超过15%,枝叶不超过1%。无杂质、虫蛀、霉变
	四等:干货。花蕾或开放花朵兼有,色泽不分,枝叶不超过3%。无杂质、虫蛀、霉变
密银花	一等:干货。花蕾呈棒状,上粗下细,略弯曲。表面绿白色,花冠厚,质稍硬,握之有顶手感。气清香,味甘微苦。无开放花朵,破裂花蕾及黄条不超过5%。无黑条、黑头、枝叶、杂质、虫蛀、霉变
	二等:干货。花蕾呈棒状,上粗下细,略弯曲。表面绿白色,花冠厚,质硬,握之有顶手感。气清香,味甘微苦。开放花朵不超过5%,黑头、破裂花蕾及黄条不超过10%。无黑条、枝叶、杂质、虫蛀、霉变
	三等:干货。花蕾呈棒状,上粗下细,略弯曲。表面绿白色,花冠厚,质硬,握之有顶手感。气清香,味甘微苦。开放花朵、黑条不超过30%。无枝叶、杂质、虫蛀、霉变
	四等:干货。花蕾或开放花朵兼有,色泽不分,枝叶不超过3%。无杂质、虫蛀、霉变

2018年,中华中医药学会发布金银花商品规格等级团体标准(T/CACM 1021.10—2018),按照加工方式分为晒货、烘货两个规格,每个规格再根据性状、颜色、开放花率、枝叶率、黑头黑条率等分三级。详见表2-6。

表 2-6　金银花商品规格等级

规格	等级	性状	颜色	开放花率	枝叶率	黑头黑条率	其他
晒货	一等	花蕾肥壮饱满、匀整	黄白色	0	0	0	无破碎
	二等	花蕾饱满、较匀整	浅黄色	≤1%	≤1%	≤1%	
	三等	欠匀整	色泽不分	≤2%	≤1.5%	≤1.5%	
烘货	一等	花蕾肥壮饱满、匀整	青绿色	0	0	0	无破碎
	二等	花蕾饱满、较匀整	绿白色	≤1%	≤1%	≤1%	
	三等	欠匀整	色泽不分	≤2%	≤1.5%	≤1.5%	

第四节　此"金银花"非彼"金银花"

一、金银花混淆品出现的原因

　　金银花虽然应用历史悠久，但历代本草对于它的品种和产地记载比较简单，没有详尽的说明，使得其药用比较混乱。从品种来看，古人对药物形态的描述大多为简单模糊的叙述，加上全国各地植物的生长环境不同会导致形态上的变异，所以不同地方往往把相近似的植物都当作一种植物对待，导致同科不同属的多种植物作为一种药物应用。很多文献将忍冬属多种植物作为金银花使用：《中药大辞典》《中华本草》金银花项下收载的基源为忍冬、华南忍冬、菰腺忍冬、黄褐毛忍冬4种；1977年版、1985年版、1990年版、1995年版及2000年版《中国药典》金银花项下收载的基源为忍冬、红腺忍冬、山银花（即华南忍冬）和毛花柱忍冬。鉴于实践中忍冬属不同药材在药用历史、来源、性状、化学成分等方面的差异，为正本清源，2005年版至2020年版《中国药典》在金银花品种项下仅收载忍冬，并陆续将灰毡毛忍冬、红腺忍冬、华南忍冬、黄褐毛忍冬列为山银花品种项下的基源。

二、主要混淆品的性状鉴别要点

（一）山银花

　　忍冬科植物灰毡毛忍冬 *L. macranthoides* Hand.-Mazz.、红腺忍冬 *L. hypoglauca* Miq.、黄褐毛忍冬 *L. fulvotomentosa* Hsu et S. C. Cheng 或华南忍冬 *L. confusa* DC. 的干燥花蕾或带初开的花。

　　1. 灰毡毛忍冬　棒状而稍弯曲，长3～4.5cm，上部直径约2mm，下部直径约1mm。表面黄色或黄绿色。总花梗集结成簇，开放者花冠裂片不及全长之半。质稍硬，手捏之稍有弹性。气清香，味微苦甘（图 2-23 ~ 图 2-29）。

图 2-23　郭东晓、栾永福等赴灰　　图 2-24　灰毡毛忍冬花蕾
毡毛忍冬种植基地采集样品

图 2-25　盛开的灰毡毛忍冬花

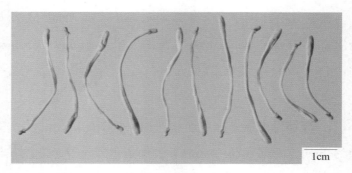

1cm

图 2-26　灰毡毛忍冬药材

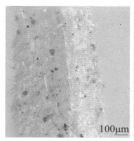

图 2-27 灰毡毛忍冬
花冠表面（倒生伏毛）

图 2-28 灰毡毛忍冬苞片

图 2-29 灰毡
毛忍冬花萼

2. 红腺忍冬　长 1.5 ~ 4.5cm，表面黄绿色至黄棕色。花冠表面光滑，疏被短柔毛或无毛，散布橘黄色或浅黄色点状腺毛。苞片呈披针形。萼筒无毛，先端 5 裂，萼齿边缘具短缘毛（图 2-30 ~ 图 2-34）。

图 2-30　红腺忍冬（樊立勇摄）

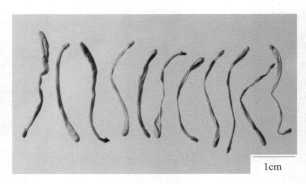

图 2-31　红腺忍冬药材

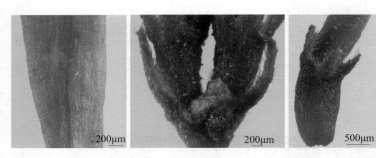

图 2-32　红腺忍冬花　　图 2-33　红腺忍冬苞片　　图 2-34　红腺忍
冠表面（短柔毛或　　　　　　　　　　　　　　　　　冬花萼
无毛）

3. 黄褐毛忍冬　长 1.5 ~ 3.0cm，灰棕色至黄绿色。花冠表面略显光滑，被倒贴伏短糙毛和直立的浅黄色长腺毛。苞片细长条形。萼筒无毛，萼齿长条状披针形，表面疏被短糙毛，边缘具短缘毛（图 2-35 ~ 图 2-39）。

4. 华南忍冬 长 1.3～5.0cm，红棕色或灰棕色（见图 2-40）。被倒生短粗毛。萼齿与萼筒均密被灰白色或淡黄色毛。子房无毛。

图 2-35 黄褐毛忍冬（腊叶标本）

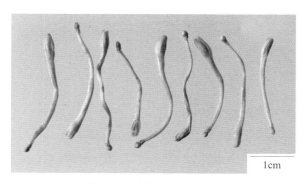

1cm

图 2-36 黄褐毛忍冬药材

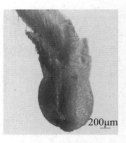

图 2-37　黄褐毛忍
冬花冠表面（短糙毛
和直立的长腺毛）

图 2-38　黄褐毛忍
冬苞片

图 2-39　黄褐毛忍冬
花萼

图 2-40　华南忍冬（樊立勇摄）

（二）菰腺忍冬

长 1～5cm，黄棕色或棕色。花冠外无毛或冠筒有少数倒生微伏毛，无腺毛。萼筒无毛，萼齿被毛。

（三）净花菰腺忍冬

长 1.8～3.8（～4）cm，上部直径 1.5～3mm，浅棕或棕

色，无毛或腋生毛，萼筒椭圆形，齿缘有梳毛。

（四）盘叶忍冬

长 5 ~ 7cm，上部直径 3 ~ 5mm，黄色或橘黄色，有稀疏毛茸，萼筒壶形，齿钝圆（见图 2-41）。

图 2-41　盘叶忍冬（周重建摄）

（五）大花忍冬

花大，长至 8cm，外被硬毛，柔毛和腺毛，管部长于檐部 2 ~ 3 倍，花柱无毛。

（六）皱叶忍冬

长 2.5 ~ 3.5cm，外密生短柔毛，萼齿矩圆状披针形，密生短硬毛，花柱无毛。

（七）其他不常见的混淆品

北清香藤：呈长棒状，较均匀，上端稍钝，长 1 ~ 2.5cm。外表面棕色或黄白色，无毛。花萼短，绿色，裂片小，浅齿状；花冠黄白色或棕色，长约 2cm，裂片 4 个，矩圆形或倒卵状矩圆形，长 0.7 ~ 1cm，雄蕊 2 枚。气微，味苦。

湖北羊蹄甲花蕾：呈长棒状，上部膨大，下部纤细，长 1.5 ~ 2.5cm。外表面棕褐色，密被棕色短柔毛。萼筒长 1.3 ~ 1.7cm，裂片 2 个，花冠棕褐色，花瓣 5 枚，雄蕊 10 枚，子房无毛，有长柄。气微，味苦。

苦糖果：花蕾呈短棒状，单朵或数朵聚在一起，长 0.6 ~ 1cm，上部直径 3 ~ 5mm，黄白色或微带紫红色，毛茸较少，有的基部带小萼。

毛瑞香花：呈棒状或细筒状，常单个散在或数个聚集成束，长 0.9 ~ 1.2cm，灰黄色，外被灰黄色绢状毛，基部具数枚早落的苞片，花被筒状，长约 10mm，先端 4 裂，裂片卵形，长约 5mm，近平展，花盘环状，边缘波状，雄蕊 8 枚，排列成二轮，分别着生在花筒之上、中部，上下轮各 4 枚，呈互生，雌蕊 1 枚，花柱硬短，子房上位，长椭圆形，光滑无毛，气微香，味辛苦涩。

夜香树花：呈细短条形，尖端略膨大，微弯曲，长 1.9 ~

2.2cm，上部直径约 2.5mm，表面淡黄棕色，被稀疏短柔毛，花萼细小淡黄绿色，尖端 5 齿裂。花冠筒状，花冠裂片 5 枚，雄蕊 5 枚与花冠裂片互生，花丝与花冠管近等长，下方约 5/6 贴生于花冠管上，上方约 1/6 离生，在分离处有一小分叉状附属物，雌蕊 1 枚与雄蕊近等长，子房上位，花柱细长，柱头头状，中间微凹，气微香，味淡。

三、常见混淆品的显微鉴别要点

（一）山银花

1. **灰毡毛忍冬**　腺毛较少，头部大多圆盘形，顶端平坦或微凹，侧面观 5 ~ 16 个细胞，直径 37 ~ 118μm；柄部 2 ~ 5 个细胞，与头部相接处常为 2（或 3）个细胞并列，长 32 ~ 240μm，直径 19 ~ 51μm。厚壁非腺毛较多，单细胞，似角状，多数甚短，长 21 ~ 240（~ 315）μm，表面微具疣状突起，有的可见螺纹，呈短角状者体部胞腔不明显；基部稍扩大，似三角状。草酸钙簇晶偶见。花粉粒直径 54 ~ 82μm（图 2-42）。

2. **红腺忍冬**　腺毛头部圆盾形且大，顶面观 8 ~ 40 个细胞，侧面观 7 ~ 10 个细胞；柄部 1 ~ 4 个细胞，极短，长 5 ~ 56μm。厚壁非腺毛长短悬殊，长 38 ~ 1 408μm，表面具细密疣状突起，有的胞腔内含草酸钙结晶（图 2-43）。

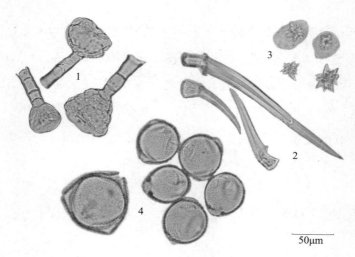

1. 腺毛；2. 厚壁非腺毛；3. 草酸钙簇晶；4. 花粉粒。

图 2-42　灰毡毛忍冬粉末显微图

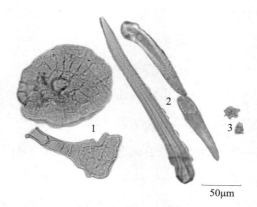

1. 腺毛；2. 厚壁非腺毛；3. 草酸钙结晶。

图 2-43　红腺忍冬粉末显微图

3. 黄褐毛忍冬 腺毛有两种类型：一种较长大，头部倒圆锥形或倒卵形，侧面观 12～25 个细胞，柄部微弯曲，3～5（～6）个细胞，长 88～470μm；另一种较短小，头部顶面观 4～10 个细胞，柄部 2～5 个细胞，长 24～130（～190）μm。厚壁非腺毛平直或稍弯曲，长 33～2 000μm，表面疣状突起较稀，有的具菲薄横隔（图 2-44）。

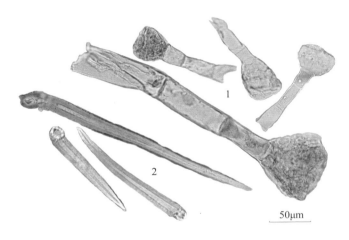

50μm

1. 两种腺毛；2. 厚壁非腺毛。
图 2-44 黄褐毛忍冬粉末显微图

4. 华南忍冬 腺毛较多，头部大倒圆锥形或盘形，顶端凹陷或较平坦，侧面观 20～60（～100）个细胞，排成 3～5 层，一般甚大，直径 32～152μm；柄部 2～4 个细胞，与头部相接处细胞甚短，有的 2 个细胞并列。非腺毛分为两种，厚壁非腺毛较多，单细胞，平直，长 32 ~ 623（ ~ 848 ）μm，表面有微细疣状突起，有的可见螺纹；薄壁非腺毛极多，单细胞，稀有 2 个细胞，直径 22 ~ 54μm。草酸钙簇晶直径 6 ~ 43μm。花粉粒直径 50 ~ 99μm。

（二）菰腺忍冬

腺毛极多，头部盾形且大，柄极短，顶端观通常 8 ~ 40 个细胞，不易见到侧面观。非腺毛分为两种，厚壁非腺毛极多，单细胞，稀有 2 个细胞，平直，少数弯曲呈钩状，长 38 ~ 1 408μm，长短悬殊，表面有细密疣状突起，有的可见螺纹；薄壁非腺毛少数，单细胞，偶见 5 个细胞，直径 16 ~ 35（ ~ 58 ）μm，有的可见角质纹理。草酸钙簇晶直径 6 ~ 40μm。花粉粒呈类圆形或三角形，直径 56 ~ 96μm，外壁表面较光滑，或具刺及细颗粒状雕纹，刺较粗长而稀。

（三）净花菰腺忍冬

厚壁单细胞非腺毛长 32 ~ 488（ ~ 704 ）μm，直径 8 ~ 29μm，壁厚 3 ~ 10μm，胞腔大的不明显，有的螺纹较密，有簇晶。

（四）盘叶忍冬

腺毛较多，头部莲房形、扁圆形或类圆形，顶端较平坦，侧面观通常（3~）5~15个细胞，排成（1~）2~3层，顶面观可至20细胞，直径50~88μm，柄部（1~2）~5个细胞，有头部连接处偶见2~3个细胞并列。厚壁非腺毛较多，单细胞，平直，先端渐尖或钝圆，较短，长48~312μm，表面平滑，有的具粗而明显的双螺状裂纹，少数有细小疣状突起。草酸钙簇晶直径6~40μm。花粉粒直径66~99μm。

（五）大花忍冬

腺毛较多，大型者头部倒长圆锥形、倒三角锥形，侧面观通常4~24个细胞，排成2~5层，各细胞层间有缢缩，柄部2~7细胞。另有小型腺毛，头部1~2个细胞，柄部可至6个细胞，扁方形或类方形。厚壁非腺毛较少，单细胞，长短悬殊，短粗者中部膨大呈纺锤形，先端偏斜或尖突呈鸟喙状。薄壁非腺毛直径17~42μm。草酸钙簇晶细小，直径4~7μm。花粉粒直径42~86μm。

（六）皱叶忍冬

腺毛少数，似腺鳞，头部碗形或倒圆锥形，顶端稍隆起、平坦或凹陷，侧面观（3～）8～13（～16）个细胞，排成2～3层，顶面观4～20个细胞，柄部甚短。厚壁非腺毛极多，单细胞，长短悬殊，长者稍弯曲，较短者上部弯曲呈钩或秤钩状，短者先端反曲成鹰喙状。薄壁非腺毛直径15～25μm。草酸钙簇晶直径15～38μm。花粉粒直径42～75μm。

第三章

金银花之用

第一节　金银花的药理作用

金银花性寒，味甘，入心、肺、胃经，具有清热解毒、通经活络、疏散风寒的功效，用于痈肿疔疮、喉痹、丹毒、热血毒痢、风热感冒、温病发热。现代药理试验和临床研究证实，金银花具有抗菌、抗病毒、解热抗炎、抗氧化、保肝利胆、抗肿瘤、降血糖、降血脂、增强免疫力、抗血小板聚集等多种药理作用。

一、抗菌

金银花提取物对多种致病菌均有一定的抑制作用。赵良忠等研究发现，金银花对金黄色葡萄球菌和肺炎链球菌的抑制效果较强，金银花提取物抗菌作用效果与青霉素相近。王清等研究发现，金银花提取物对部分临床分离的肺炎链球菌、表皮葡萄球菌、金黄色葡萄球菌、大肠埃希菌、乙型链球菌、科氏葡萄球菌、洋葱假单胞杆菌和标准金黄色葡萄球菌、枯草芽孢杆菌均具有较强的抑制作用。冉域辰等人研究发现，金银花高浓度提取物（>6.25g/100ml）对双歧杆菌、乳酸杆菌的抑制作用明显。基于微量量热法分析，金银花各部位的抗菌强弱亦存在很大差异，咖啡酰奎宁酸类化合物为金银花抗菌的主要成分。另有研究发现，金银花汤剂不但可以有效抑制耐药菌铜绿假单胞菌，而且可以增强单一抗生素抗菌敏感性。

二、抗病毒

金银花提取物及其活性成分黄酮类、咖啡酰奎宁酸、环烯醚萜苷等均能抑制流感病毒肺炎、甲型流感病毒、呼吸道合胞病毒、巨细胞病毒、单纯疱疹病毒等。金银花抗流感病毒作用主要包括抑制病毒感染新细胞、抑制病毒蛋白的合成、阻滞病毒增殖等。石俊英等采用 Reed-Muench 法，分别测定甲型和乙型流感病毒感染的 MDCK 细胞的半数有效浓度及治疗指数，结果表明，石油醚提取物及乙醇提取物是金银花中抗流感病毒有效成分最为富集的部位，并且抗流感病毒效果优于利巴韦林。此外，水提取物、丙酮提取物以及粗提取物都具有一定的抗流感病毒的活性。李丽静等证明金银花所含的绿原酸和咖啡酸均能与流感病毒被膜上的神经氨酸酶结合抑制其活性，从而抑制流感病毒的早期复制，且绿原酸抑制作用强于咖啡酸。马双成等利用柱层析和细胞病变的方法，研究金银花中黄酮类化合物的抗病毒作用，证实金银花黄酮类成分对抑制呼吸道病毒具有显著的作用。刘嘉等通过软件建立网络药理学方法，探讨黄芩 - 金银花对与新型冠状病毒肺炎（简称新冠肺炎）关联关系及潜在作用机制，发现其所含的活性化合物可能通过抗病毒、抗炎等作用，以及肺、肝、心血管保护等作用，对新冠肺炎引发的肺损伤、肝损伤、心血管疾病和炎症产生预防与治疗作用。另外，金银花中绿原酸对呼吸道合胞病毒、柯萨奇 B 组 3 型病毒具有明显的抑制作用。病毒敏感性实验表明，金银花 75% 乙醇回流提取液、水回流提取液、水超声提取液均能显著增强体外细胞抗腺病毒感染的能力，其中 75% 乙醇回流提取物抗病毒感染能力最强。

三、解热抗炎

金银花及其多种复方制剂，如银翘散、双黄连注射液、银黄注射液等，均有显著的退热效果。以金银花为主要成分的抗菌消炎片，对蛋清引起的大鼠足跖肿胀有明显抑制作用。研究表明，金银花的水提物对多种炎症模型，例如角叉胶、二甲苯造成的大鼠足趾肿胀，鼠耳肿胀，棉球肉芽肿增生，小鼠皮肤血管高通透性实验和蛋清诱导局部急性炎症等模型，具有显著的抗炎效果。其抗炎机制可能是抑制炎症因子的合成和释放，降低免疫相关因子的表达和基质金属蛋白酶酶原活性。此外，金银花挥发油、总皂苷等对二甲苯、巴豆油等化学试剂诱导的小鼠耳肿胀有一定的抑制作用。金银花水煎液、口服液等还能明显提高小鼠腹腔巨噬细胞吞噬巨红细胞的吞噬百分率和吞噬指数，并显著提高血清凝集毒物的抗体积数水平，表明其临床作为清热解毒剂治疗感染性疾病，主要是通过调节机体的免疫功能而实现的。复方金银花外洗液能抑制 LPS 诱导 RAW264.7 细胞产生炎症因子 TNF-α、IL-6，故金银花外洗液可用于治疗疥癣、脚痒及足部湿疹。雷玲等通过对金银花抗内毒素、解热、抗炎作用的研究发现，金银花的水提取物于在 10mg/ml 的条件下能破坏内毒素的结构，并对内毒素致使的大鼠发热表现出一定程度的抑制作用。林丽美等发现，金银花与连翘按不同比例配伍水煎，对酵母菌致热大鼠均表现出明显的解热作用。

四、抗氧化

金银花中绿原酸等咖啡酰奎宁酸类成分和黄酮类化合物均具有抗氧化作用，可抑制亚麻油酸和猪油的自氧化。王桂林等采用不同溶剂提取金银花中多酚，并利用清除二苯代苦味酰基自由基、羟基自由基和 ABTS 法评价金银花多酚的抗氧化活性，结果证明不同溶剂的提取物中金银花多酚均具有抗氧化活性。Choi 等发现金银花的乙酸乙酯提取物能显著清除二苯代苦味酰基自由基和过氧亚硝基阴离子，并可抑制活性氧和羟基自由基的产生。金银花能够显著地上调大鼠嗜碱性白血病细胞的抗氧化酶系统并下调 NF-κb 信号转导通路，从而发挥抗氧化、抗凋亡作用。此外，D- 半乳糖诱导的小鼠衰老模型中，金银花可以显著增加小鼠体内抗氧化酶活性，同时抑制肝脏、肾脏组织的脂质过氧化反应，并降低氧化应激造成的机体损伤。

五、保肝利胆

四氯化碳对肝脏具有很强的亲和力，通过肝脏微粒体中的细胞色素 P-450 的代谢，可攻击肝脏细胞膜上的磷脂分子，致使脂质发生过氧化反应，同时还能损伤细胞膜的结构和功能，使肝脏可溶性酶的活性升高，故可导致急性肝损伤。实验表明，金银花中的三萜皂苷对四氯化碳引起的小鼠肝损伤有明显的保护作用，并能够明显减轻肝脏病理损伤的严重程度。金银花中皂苷可以通过降低肝内脂质过氧化反应，提高血清超氧化物歧化酶活力而清除自由基，保护肝脏组织的细胞膜，维持膜的正常通透性，从而达到保护肝脏的目的。滕杨等用二甲基亚硝胺对大鼠进行腹腔注射，观察到大鼠血清肝组织中肝功能指数明显异常，谷胱甘肽的过氧化物和丙二醛含量明显升高，大鼠的肝组织受到了过氧化损伤。此时，用金银花的醇提物对大鼠进行灌胃治疗，肝功能指数如谷丙转氨酶、谷草转氨酶、碱性磷酸酶、总蛋白、白蛋白、γ-谷氨酰转肽酶均得到了不同程度的改善，肝组织纤维化程度也有所减轻。此外，金银花所含的绿原酸等咖啡酰奎宁酸有显著的利胆作用，可促进大鼠胆汁的分泌。

六、抗肿瘤

金银花具有抗肿瘤作用，可以诱导癌细胞分化，抗癌侵袭、转移，抗信息传递，抗肿瘤多药耐药性，抑制端粒酶活性以及抗癌性疼痛等，在肿瘤疾病防治中具有非常大的前景。杨娟等采用网络药理学方法，研究金银花抗肺癌的主要有效成分和潜在作用靶点，通过 PubMed、TCMSP 数据库筛选金银花的主要活性成分和相关成分的作用靶点，预测出金银花成分对应的靶点与肺癌相关的潜在共同作用靶点有 38 个，如 PON1、NQO1、AHR、MMP10、CYP1A2、CYP1B1、GJA1、NOS2、RXRA、IL10 等。对以上抗肺癌的潜在靶点进行 GO 富集分析发现，金银花抗肺癌的生物相关信号通路主要是通过调节线粒体膜通透性和谷胱甘肽转移酶的活性发挥作用。

七、降血糖、降血脂

金银花能显著降低体内动脉粥样硬化指数，有效降低血脂和血清总胆固醇。王强等研究发现，金银花提取物可使高脂血症大鼠血清及肝组织甘油三酯水平明显降低，对血清总胆固醇、低密度脂蛋白胆固醇、高密度脂蛋白胆固醇无明显影响。同时，还可降低蔗糖性高血糖大鼠及四氧嘧啶糖尿病大鼠的血糖。金银花不同部位提取物对实验动物组织的高血糖降低作用显著，可使高脂血症小鼠、大鼠血清及肝组织甘油三酯水平降低。金银花中所含菜蓟素（1,3-*O*-二咖啡酰奎宁酸）有较强的利胆保肝和降脂减肥作用。潘竞锵等实验证明，金银花有降血脂、保护胰岛β细胞和弱降糖功能，可降低多种模型小鼠总胆固醇、动脉粥样硬化指数。

八、增强免疫力

金银花对红细胞 C3bR 和红细胞表面的 IC 均有增强作用，故也有增强小鼠红细胞免疫的作用。金银花的水煎剂能促进淋巴细胞转化率的提高，从而提升机体细胞的免疫功能。大鼠在服用金银花水煎剂后，脾脏淋巴细胞 IL-2、IFN-γ、TNF-α 的 mRNA 的表达显著增强，证实金银花水煎剂能改善机体细胞的免疫功能。金银花多糖可使免疫低下小鼠的胸腺、脾脏指数提高，促进溶血素抗体的生成，增加 IL-2 含量，从而提高免疫能力。金银花黄酮能提高免疫抑制小鼠的脏器指数，使免疫抑制小鼠血清酸性磷酸酶、碱性磷酸酶和溶菌酶活力得到增加，提高免疫抑制小鼠的脾脏、胸腺组织总抗氧化能力和超氧化物歧化酶活性，明显降低单胺氧化酶和丙二醛的含量，从而提高机体免疫力。金银花汤剂可有效提高人体免疫力，增加巨噬细胞数目，提升吞噬细胞率和淋巴细胞转化率，并增加 TH1 细胞的分泌功能。此外，金银花还可以提升白细胞吞噬功能。

九、抗血小板聚集

金银花中咖啡酸及咖啡酰奎宁酸类成分均具有良好的抗血小板聚集作用，其作用机制为：有机酸类化合物具有抑制血小板膜上的 GP Ⅱ b/ Ⅲ a 受体活性的作用，通过抑制血小板膜上的 GP Ⅱ b/ Ⅲ a 受体活性，阻断 GP Ⅱ b/ Ⅲ a 通路，进而清除聚集剂引发的血小板聚集；有机酸类化合物具有良好的生物抗氧化作用，通过与过氧自由基快速发生反应，抑制血小板活化，进而抑制血小板聚集；有机酸类化合物还可有效保护血管内皮细胞，避免因过氧化产生损伤，对血管内皮功能造成影响，进而阻止血小板激活，阻断血小板聚集。

十、其他

金银花还具有防紫外线、抗痉挛、神经保护、抗早孕等其他药理作用。

第二节　金银花制剂

一、金银花制剂概述

金银花是清热解毒类常用中药，具有清热解毒、疏散风热的功效，常用于治疗痈肿疔疮、喉痹、丹毒、热毒血痢、风热感冒、温病发热等，临床应用较广。现代药理学研究表明，金银花中含有机酸类、环烯醚萜苷类、三萜皂苷类、挥发油类和黄酮类等多种化学成分，其中有机酸类为其主要活性成分，具有抗病原微生物、抗病毒、抗炎、解热、增强机体免疫功能、降血脂、兴奋中枢、抗生育等作用，临床上广泛应用于治疗温病发热、胀满下疾、热毒痛痒、肿瘤等疾病。目前含有金银花的制剂，有传统剂型（丸剂、膏剂、散剂、片剂、颗粒剂、胶囊剂、合剂等），如牛黄清宫丸、拔毒膏、银翘散、连花清瘟系列制剂（片剂、颗粒剂等）、清开灵胶囊、茵栀黄口服液等；也有注射剂，如注射用双黄连（冻干）、清开灵注射液；以金银花提取物制成的制剂，如银黄系列制剂（片剂、颗粒剂、口服液）、茵栀黄系列制剂（颗粒剂、口服液、胶囊剂）等；以金银花为原料制成的新剂型（栓剂、滴眼剂、露剂、软膏剂、涂剂等），如双黄连栓、双黄连滴眼剂、金银花露、京万红软膏、复方黄柏液涂剂（复方黄柏液）等，有利于临床应用的选择（表3-1）。

表 3-1　临床常用金银花制剂

制剂名称	组方	功效	出处
羚羊感冒片	羚羊角、牛蒡子、淡豆豉、金银花、荆芥、连翘、淡竹叶、桔梗、薄荷素油、甘草	清热解表。用于流行性感冒，症见发热恶风、头痛头晕、咳嗽、胸闷、咽喉肿痛	《中国药典》2020年版

制剂名称	组方	功效	出处
连花清瘟颗粒	连翘、金银花、炙麻黄、炒苦杏仁、石膏、板蓝根、绵马贯众、鱼腥草、广藿香、大黄、红景天、薄荷脑、甘草	清瘟解毒，宣肺泄热。用于治疗流行性感冒属热毒袭肺证，症见发热恶寒、肌肉酸痛、鼻塞流涕、咳嗽、头痛、咽干咽痛、舌偏红、苔黄或黄腻	《中国药典》2020年版
双黄连口服液	金银花、黄芩、连翘	疏风解表，清热解毒。用于外感风热所致的感冒，症见发热、咳嗽、咽痛	《中国药典》2020年版
银翘解毒丸（浓缩丸）	金银花、连翘、薄荷、荆芥、淡豆豉、牛蒡子(炒)、桔梗、淡竹叶、甘草	疏风解表，清热解毒。用于风热感冒，症见发热头痛、咳嗽口干、咽喉疼痛	《中国药典》2020年版
小儿热速清糖浆	柴胡、黄芩、葛根、水牛角、金银花、板蓝根、连翘、大黄	清热解毒，泻火利咽。用于小儿外感风热所致的感冒，症见高热、头痛、咽喉肿痛、鼻塞流涕、咳嗽、大便干结	《中国药典》2020年版
京万红软膏	地榆、地黄、当归、桃仁、黄连、木鳖子、罂粟壳、血余、棕榈、半边莲、土鳖虫、白芷、黄柏、紫草、金银花等	活血解毒，消肿止痛，去腐生肌。用于轻度水、火烫伤，疮疡肿痛，创面溃烂	《中国药典》2020年版
银翘散	金银花、连翘、桔梗、薄荷、淡豆豉、淡竹叶、牛蒡子、荆芥、芦根、甘草	辛凉透表，清热解毒。用于外感风寒，发热头痛，口干咳嗽，咽喉疼痛，小便短赤	《中国药典》2020年版

制剂名称	组方	功效	出处
双黄连口服液	金银花、黄芩、连翘	疏风解表、清热解毒。用于外感风热所致的感冒,症见发热、咳嗽、咽痛	《中国药典》2020 年版
银黄颗粒	金银花提取物、黄芩提取物	清热疏风,利咽解毒。用于外感风热、肺胃热盛所致的咽干、咽痛、喉核肿大、口渴、发热;急慢性扁桃体炎、急慢性咽炎、上呼吸道感染见上述证候者	《中国药典》2020 年版
金芪降糖片	黄连、黄芪、金银花	清热益气。用于消渴病气虚内热证,症见口渴喜饮,易饥多食,气短乏力。轻、中型 2 型糖尿病见上述证候者	《中国药典》2020 年版
苦甘颗粒	麻黄、薄荷、蝉蜕、金银花、黄芩、苦杏仁、桔梗、浙贝母、甘草	疏风清热,宣肺化痰,止咳平喘。用于风热感冒及风温肺热引起的恶风、发热、头痛、咽痛、咳嗽、咳痰、气喘;上呼吸道感染、流行性感冒、急性气管 - 支气管炎见上述证候者	《中国药典》2020 年版
抗感颗粒	金银花、赤芍、绵马贯众	清热解毒。用于外感风热引起的感冒,症见发热、头痛、鼻塞、喷嚏、咽痛、全身乏力、酸痛	《中国药典》2020 年版

制剂名称	组方	功效	出处
复方金银花颗粒剂	金银花、连翘、黄芩	清热解毒,凉血消肿。用于风热感冒、喉痹、乳蛾、目痛、牙痛及痈肿疮疖等症	《中华人民共和国卫生部药品标准中药成方制剂》(第十册)
金菊感冒片	金银花、野菊花、板蓝根、五指柑、三叉苦、岗梅、豆豉姜、石膏、羚羊角、水牛角浓缩粉	清热解毒。用于风热感冒、发热咽痛、口干或渴、咳嗽痰黄等症	《中华人民共和国卫生部药品标准中药成方制剂》(第十七册)

二、金银花制剂与服用

(一)金银花单味药口服制剂

金银花露收载于 2020 年版《中国药典》,由单味金银花制备而成,具有清热解毒的功效。用于暑热内犯肺胃所致的中暑、痱疹、疖肿,症见发热口渴、咽喉肿痛、痱疹鲜红、头部疖肿。金银花露是将金银花蒸馏提取后,加入矫味剂制成。气芳香,味微甜,常用于小儿痱毒、暑热口渴。金银花性甘、寒,因此金银花露不宜作为饮料长期饮用。

金银花露的制法

- 制法 1：取金银花 62.5g，用水蒸气蒸馏，收集蒸馏液约 1 000ml，取蒸馏液，调节 pH 至 4.5，加矫味剂适量，滤过，制成 1 000ml，灌封、灭菌，或灭菌、灌封，即得。

- 制法 2：取金银花 100g，用水蒸气蒸馏，收集蒸馏液 1 400ml，加入单糖浆适量至 1 600ml，滤过，灌封，灭菌；或取蔗糖 140g 及苯甲酸钠 3.2g，加水使溶解，兑入蒸馏液中，加水至 1 600ml，混匀，加适量柠檬酸调节 pH 至 4.0～4.5，混匀，滤过，灭菌，灌封，即得。

- 制法 3：取金银花 100g，用水蒸气蒸馏，收集蒸馏液 1 600ml，加入蔗糖 30g，混匀，滤过，灌封，灭菌，即得。密封，置阴凉处保存。

（二）金银花复方口服制剂

金银花复方口服制剂为金银花和其他中药组成的成方制剂，方中组成药物共同发挥作用。这类制剂的剂型包括片剂、颗粒剂、丸剂、胶囊剂、散剂等固体制剂，还有口服液、糖浆等液体制剂。选用何种制剂，需要根据患者的症状、医师的诊断辨证论治，综合选定。

1. **双黄连片** 由金银花、黄芩、连翘制成。主要功效为疏风解表，清热解毒。用于外感风热所致的感冒，症见发热、咳嗽、咽痛。密封保存。

2. **银翘解毒片** 由金银花、连翘、薄荷、荆芥、淡豆豉、牛蒡子（炒）、桔梗、淡竹叶、甘草制成。主要功效为疏风解表，清热解毒。用于风热感冒，症见发热头痛、咳嗽口干、咽喉疼痛。密封保存。

3. **小儿退热颗粒** 由大青叶、板蓝根、金银花、连翘、栀子、牡丹皮、黄芩、淡竹叶、地龙、重楼、柴胡、白薇制成。主要功效为疏风解表，解毒利咽。用于小儿外感风热所致的感冒，症见发热恶风、头痛目赤、咽喉肿痛；上呼吸道感染见上述证候者。密封保存。

4. **金贝痰咳清颗粒** 由浙贝母、金银花、前胡、炒苦杏仁、桑白皮、桔梗、射干、麻黄、川芎、甘草制成。主要功效为补益肺肾，秘精益气。用于肺肾两虚，精气不足，久咳虚喘，神疲乏力，不寐健忘，腰膝酸软，月经不调，阳痿早泄；慢性支气管炎、慢性肾功能不全、高脂血症、肝硬化见上述证候者。密封保存。

5. 小儿肺热咳喘口服液 由麻黄、苦杏仁、石膏、甘草、金银花、连翘、知母、黄芩、板蓝根、麦冬、鱼腥草制成。主要功效为清热解毒，宣肺化痰。用于热邪犯于肺卫所致发热、汗出、微恶风寒、咳嗽、痰黄，或兼喘息、口干而渴。大剂量服用，可能有轻度胃肠不适反应。密封保存。

6. 抗感口服液 由金银花、赤芍、绵马贯众制成。主要功效为清热解毒。用于外感风热引起的感冒，症见发热、头痛、鼻塞、喷嚏、咽痛、全身乏力、酸痛。孕妇慎服。密封保存。

7. 复方大青叶合剂 由大青叶、金银花、羌活、拳参、大黄制成。主要功效为疏风清热，解毒消肿，凉血利胆。用于外感风热或瘟毒所致的发热头痛、咽喉红肿、耳下肿痛、胁痛、黄疸；流感、腮腺炎、急性病毒性肝炎见上述证候者。孕妇慎用。密封保存。

8. 金嗓开音丸 由金银花、连翘、玄参、板蓝根、赤芍、黄芩、桑叶、菊花、前胡、焯苦杏仁、牛蒡子、泽泻、胖大海、僵蚕（麸炒）、蝉蜕、木蝴蝶制成。主要功效为清热解毒，疏风利咽。用于风热邪毒所致的咽喉肿痛，声音嘶哑；急性咽炎、亚急性咽炎、喉炎见上述证候者。忌烟、酒及辛辣食物。密封保存。

9. 健脑补肾丸 由红参、鹿茸、狗鞭、肉桂、金牛草、炒牛蒡子、金樱子、杜仲炭、川牛膝、金银花、连翘、蝉蜕、山药、制远志、炒酸枣仁、砂仁、当归、龙骨（煅）、煅牡蛎、茯苓、炒白术、桂枝、甘草、豆蔻、酒白芍制成。主要功效为健脑补肾，益气健脾，安神定志。用于脾肾两虚所致的健忘、失眠、头晕目眩、耳鸣、心悸、腰膝酸软、遗精；神经衰弱和性功能障碍见上述证候者。忌食生冷食物。密封保存。

10. 栀子金花丸 由栀子、黄连、黄芩、黄柏、大黄、金银花、知母、天花粉制成。主要功效为清热泻火，凉血解毒。用于肺胃热盛、口舌生疮、牙龈肿痛、目赤眩晕、咽喉肿痛、吐血衄血、大便秘结。孕妇慎用。密封保存。

11. 牛黄清感胶囊 由黄芩、金银花、连翘、人工牛黄、珍珠母制成。主要功效为疏风解表，清热解毒。用于外感风热、内郁化火所致的感冒发热、咳嗽、咽痛。密封保存。

12. 消银胶囊 由地黄、牡丹皮、赤芍、当归、苦参、金银花、玄参、牛蒡子、蝉蜕、白鲜皮、防风、大青叶、红花制成。主要功效为清热凉血，养血润肤，祛风止痒。用于血热风燥型白疕（银屑病）和血虚风燥型白疕，症见皮疹为点滴状、基底鲜红色、表面覆有银白色鳞屑、或皮疹表面覆有较厚的银白色鳞屑、较干燥、基底淡红色、瘙痒较甚。密封，置阴凉处保存。

13. **金蒲胶囊** 由人工牛黄、金银花、蜈蚣、炮山甲、蟾酥、蒲公英、半枝莲、山慈菇、莪术、白花蛇舌草、苦参、龙葵、珍珠、大黄、黄药子、乳香（制）、没药（制）、醋延胡索、红花、姜半夏、党参、黄芪、刺五加、砂仁制成。主要功效为清热解毒，消肿止痛，益气化痰。用于晚期胃癌、食管癌患者痰湿瘀阻及气滞血瘀证。孕妇忌服。用药早期偶有恶心，可自行缓解。超量服用时，少数患者可见恶心、纳差。孕妇忌服。密封保存。

14. **清开灵软胶囊** 由胆酸、猪去氧胆钠、水牛角、黄芩苷、珍珠母、栀子、板蓝根、金银花制成。主要功效为清热解毒，镇静安神。用于外感风热时毒、火毒内盛所致高热不退、烦躁不安、咽喉肿痛、舌质红绛、苔黄、脉数者；上呼吸道感染、病毒性感冒、急性化脓性扁桃体炎、急性咽炎、急性气管炎、高热等病症属上述证候者。久病体虚患者如出现腹泻时慎用。密封，置阴凉干燥处保存。

（三）金银花提取物口服制剂

金银花提取物以金银花为原料，经提取、分离、精制而成，其主要成分为咖啡酰奎宁酸类，主要包含新原酸、绿原酸、隐绿原酸、3,4-O-二咖啡酰奎宁酸、3,5-O-二咖啡酰奎宁酸和4,5-O-二咖啡酰奎宁酸等成分，具有显著的抗菌、抗病毒等活性。

> **小贴士　几种常见的金银花提取物口服制剂**
>
> 1. **茵栀黄口服液、软胶囊、泡腾片、胶囊**　由茵陈提取物、栀子提取物、黄芩提取物、金银花提取物制成。主要功效为清热解毒，利湿退黄。用于肝胆湿热所致的黄疸，症见面目悉黄、胸胁胀痛、恶心呕吐、小便黄赤；急慢性肝炎见上述证候者。服药期间忌酒及辛辣之品。密封保存。
>
> 2. **茵栀黄颗粒**　由茵陈（绵茵陈）提取物、栀子提取物、黄芩提取物、金银花提取物制成。功能主治同茵栀黄口服液。密封保存。
>
> 3. **银黄口服液**　由金银花提取物、黄芩提取物制成。主要功效为清热疏风，利咽解毒。用于外感风热、

肺胃热盛所致的咽干、咽痛、喉核肿大、口渴、发热；急慢性扁桃体炎、急慢性咽炎、上呼吸道感染见上述证候者。密封保存。

4. **银黄片**　由金银花提取物、黄芩提取物制成。功能主治同银黄口服液。密闭、遮光保存。

（四）金银花注射剂

中药注射剂改变了传统中药口服的给药方式，弥补了传统中药口服或其他给药方式见效慢的缺点，避免了首过效应，提高了生物利用度，疗效确切。但中药注射剂存在易产生过敏反应、患者顺应性差、安全性欠佳等问题。金银花相关注射剂均具有清热解毒的功效，用于治疗热证。

小贴士　**几种常见的金银花注射剂**

1. **注射用双黄连（冻干）**　由连翘、金银花、黄芩制成。主要功效为清热解毒，疏风解表。用于外感风热所致的发热、咳嗽、咽痛；上呼吸道感染、轻型肺炎、扁桃体炎见上述证候者。本品与氨基糖苷类（庆大霉素、卡那霉素、链霉素）及大环内酯类

（红霉素、白霉素）等配伍时，易产生浑浊或沉淀，请勿配伍使用。遮光、密闭、置阴凉处保存。

2. 清开灵注射液　由胆酸、珍珠母（粉）、猪去氧胆酸、栀子、水牛角（粉）、板蓝根、黄芩苷、金银花制成。主要功效为清热解毒，化痰通络，醒神开窍。用于热病、神昏、中风偏瘫、神志不清；急性肝炎、上呼吸道感染、肺炎、脑血栓形成、脑出血见上述证候者。

注意事项有以下几点：①有表证恶寒发热者、药物过敏史者慎用。②如出现过敏反应应及时停药并做脱敏处理。③本品如产生沉淀或浑浊时不得使用。如经10%葡萄糖或氯化钠注射液稀释后，出现浑浊亦不得使用。④到目前为止，已确认清开灵注射液不能与硫酸庆大霉素、青霉素G钾、肾上腺素、间羟胺、乳糖酸红霉素、多巴胺、山梗菜碱、硫酸美芬丁胺等药物配伍使用。⑤清开灵注射液稀释以后，必须在4小时以内使用。⑥注意输液滴速勿快，儿童以20～40滴/min为宜，成年人以40～60滴/min为宜。⑦除按〔用法与用量〕中说明使用以外，还可用5%葡萄糖注射液、氯化钠注射液按每10ml药液加入100ml溶液稀释后使用。密闭保存。

随着中药现代化的进一步发展，现代制剂快速发展，中药剂型不断丰富，制剂数量日益增多，现有涉及金银花的制剂达 400 余种，以金银花提取物为原料的制剂有近 20 种，新剂型的发展和丰富为患者提供更多的选择。

三、金银花保健食品、饮品与服用建议

保健食品是指适宜于特定人群食用，具有调节机体功能，不以治疗疾病为目的，并且对人体不产生任何急性、亚急性或者慢性危害的食品。保健品仅具有保健作用，并不能代替药物服用。保健食品企业不得宣传保健食品具有疾病预防或治疗功能。

金银花富含挥发油、黄酮类，除药用外，可代茶饮用，是消暑解渴的佳品。目前，以金银花为主要原料的相关保健品制剂有 160 余种，多为国食健字、卫食健字号品种，包括茶剂、酒剂、含片、糖、胶囊、颗粒、口服液等，涉及的保健作用大致有清热、解毒、凉血、利咽、增强免疫力等。

考虑到市售保健品品种繁多，生产厂家良莠不齐，消费者在购买时应注意查看真伪、主要原料构成、保健功能、适宜与不适宜人群、注意事项，并结合自身实际情况理性购买。购买保健品的人群大致分为两类，一类以健康人群为对象，主要为了补充营养素，满足生命周期不同阶段的需求；

另一类主要供给某些生理功能有问题的人食用，强调其在预防疾病和促进康复方面的调节功能。第一类人群除人体必需营养素外，不提倡服用保健品，健康人体身体各项功能处在平衡和谐状态，自行服用不适合自身体质的保健品，反而会破坏身体固有平衡。第二类人群服用保健品后是否能够达到保健品所标示的保健作用与环境、情志、体质等多方面因素有关。当服用保健品后，身体不适进一步加重，一定及时就医，以免延误病情。

下面介绍部分金银花保健食品、饮品主要原料、制法、适宜人群及使用注意事项等。

（一）银花凉茶

主要原料：鲜金银花 50～100g（干品 30～50g）。

适宜人群：热性病患者，症见身热、发疹、发斑、热毒疮痈、咽喉肿痛等。

图 3-1　银花凉茶（金银花干品制）

不适宜人群：阳虚体质的人，月经期和产褥期女性。

注意事项：建议临用现泡，不要喝隔夜凉茶，不宜过量饮用（图 3-1）。

（二）金银花酒

主要原料：鲜忍冬花、叶。

制法：入砂盆研烂，和葱汁加酒少许，稀稠得宜。

适宜人群：痈疽发背、疔疮患者。

注意事项：临用现制。涂敷四周，中心留口，以泻毒气。

（三）金银花含片

主要原料：金银花、青果、罗汉果、胖大海、薄荷脑。

适宜人群：咽部不适、咽喉肿痛、口臭、口腔异味者。

保存：防潮、置阴凉干燥处。

注意事项：不宜长期服用。

（四）金银花糖

主要原料：金银花提取物、薄荷脑、薄荷油、白砂糖、蜂蜜、葡萄糖浆。

适宜人群：咽部不适者。

保存：置阴凉通风干燥处。

注意事项：为膳食营养补充剂；不能替代药物。

（五）金银花珍珠胶囊

主要原料：丹参、金银花、蒲公英、牡丹皮、栀子、制大黄、珍珠。

功效成分：每 100g 含总黄酮 166mg。

适宜人群：有痤疮者。

不适宜人群：少年儿童、孕妇、哺乳期妇女、慢性腹泻者。

注意事项：本品不能代替药物；食用后如出现腹泻，立即停止食用。

（六）清逸颗粒

主要原料：金银花、酸枣仁、茯苓、黄精、玉竹、糊精、甜菊糖苷、柠檬酸。

功效成分：每 100g 含粗多糖 26.7g、总皂苷 0.62g。

适宜人群：需增强免疫力者。

注意事项：本品不能代替药物。

（七）清咽口服液

主要原料：玄参、百合、金银花、青果、白芷、赤芍、枇杷肉、薄荷。

功效成分：每 100ml 含粗多糖（以葡聚糖计）497mg。

适宜人群：咽部不适者。

保存：置通风、阴凉干燥处。

注意事项：本品不能代替药物。

第三节　金银花的合理应用

金银花具有清热解毒、疏散风热的功效，多用于痈肿疔疮、喉痹、丹毒、热毒血痢、风热感冒、温病发热。《南北别录中》载有"忍冬，列为上品，主治寒热身肿"。《滇南本草》载有"金银花，味苦，性寒、解诸疮，无名肿毒，丹瘤"。《本草纲目》记载"忍冬茎叶及花功用皆同。昔人称其治风、除胀、解痢为要药……后世称其消肿，散毒、治疮为要药"。现代药理研究表明，金银花具有抗菌、抗病毒、解热抗炎、抗氧化、保肝利胆等作用，是临床常用中药。

一、单味金银花的临床应用

（一）适应证

1. 清热解毒　金银花味甘，性寒，具有很好的清热解毒作用，夏季常用金银花泡茶喝，用于治疗各种热性病，如身热、咽喉肿痛、牙龈肿痛、口舌生疮等，治疗效果显著。

2. **上呼吸道感染**　金银花单用可以用于治疗咽喉炎、支气管炎、扁桃体炎等，具有很好的抗菌消炎的作用，治疗上呼吸道感染疗效显著、治愈率高。

3. **疮疡**　《神农本草经》中有使用金银花治疗疮疡的记载。儿童夏季易出现红疹、湿疹等症，患处表现为红、热、痒，采用金银花水煎液对患处进行擦洗，能有效缓解患者症状。

4. **风热感冒**　金银花有疏热散邪的功效，可用于外感风热感冒的治疗。风热感冒一般表现为身热头痛、心烦、失眠、多梦、身体疲乏、口干舌燥等，服用金银花及相关制剂治疗的效果较好。

5. **荨麻疹**　荨麻疹多由皮肤过敏引起，用金银花擦洗可宣散风热、清解血毒，有效缓解荨麻疹的红肿、瘙痒症状。

6. **祛暑**　夏季气温高，人们感觉酷热难耐，极易出现中暑现象，以金银花泡水喝，既能美容养颜，又能有效缓解暑热。夏季祛暑可口服金银花露，也可外用含金银花的沐浴液和防晒霜。

（二）用量

2020 年版《中国药典》一部规定，金银花的用法用量为 6～15g，可内服和外用。

临床运用金银花安全范围较广，正常剂量下（6～15g）

未见明显毒副作用，但体弱者、脾胃虚寒者、气虚疮疡脓清者、女性经期以及乙肝患者应慎用。

二、金银花的配伍应用

（一）金银花配连翘

金银花与连翘为临床常用药对。金银花性寒、味甘，归肺心、胃经，善于清热解毒、疏散风热，用于痈肿疔疮、喉痹、丹毒、热毒血痢、风热感冒、温病发热；连翘味苦，性微寒，归肺、心、小肠经，善于清热解毒、消肿散结、疏散风热，用于痈疽、瘰疬、乳痈、丹毒、风热感冒、温病初起等症。二者配伍使用能有效治疗各种热性病。以金银花、连翘为主要配伍药物的各类方剂治疗各种热证，均取得较好疗效。有研究显示，金银花配伍连翘或其复方，对金黄色葡萄球菌诱发的乳腺炎进行治疗，可有效抵御细菌感染，改善组织的病理变化，降低乳腺损伤和病变程度。现代研究表明，金银花配伍连翘使用，对甲型 H_1N_1 流感、肠道病毒 71 型的治疗效果也非常显著。

（二）金银花配蒲公英

蒲公英味苦、甘，性寒，具有清热解毒、消肿散结、利尿通淋的功效，用于疗疮肿毒、目赤、咽痛等症。二者配伍使用可增强清热解毒、消肿散结等功效，临床多用于治疗咽喉肿痛、痈肿疗疮等疾病。

（三）金银花配大青叶

大青叶性味苦寒，善于清热解毒、凉血消斑。金银花性寒、味甘，善于清热解毒、疏散风热，二者合用能够增强清热解毒之效，治疗外感风热或瘟毒所致的发热、头痛、咽喉红肿等症，同时金银花的甘甜可缓解大青叶的苦味，利于服用。

（四）金银花配菊花

菊花辛散苦泄，微寒清热，入肝经，既能疏散肝经风热，又能清泄肝热以明目，常用治肝经风热，或肝火上攻所致目赤肿痛。金银花性寒，泡水喝具有清热解毒、疏利咽喉、消暑除烦的作用。二者配伍应用相辅相成，可很好地发挥清肝热、明目的作用。

（五）金银花配黄芪

黄芪甘温，能补中益气，借其补气之力又能益卫固表，利水消肿，托毒排脓生肌，为补气之要药；金银花甘寒，长于清热解毒，大宜于疮家，为疮家之要药。二者合用，一寒一温，一清一补，增强补中益气之功，还能通脉活血、养血养阴，亦可兼清热解毒之效，可用于治疗气血经脉不畅之症。

（六）金银花配当归

当归性温，味甘辛，具有补血活血、调经止痛、润肠通便的功效，临床用于治疗血虚萎黄、眩晕心悸、月经不调等症。《本草正》："当归，其味甘而重，故专能补血……诚血中之气药，亦血中之圣药也。"银花味甘性寒，气味芳香，既可清透疏表，又能解血分热毒。二者合用，一清一补，是治疗热毒蕴结所致疮疡肿毒的常用配伍。

（七）金银花配黄芩

黄芩性味苦寒，善于清热燥湿、泻火解毒，用于湿温、暑湿、胸闷呕恶等症。二者合用，清热解毒祛暑之力增强，可用于治疗肺热咳嗽、疮疡肿毒、咽喉肿痛等症。

（八）金银花配地榆

地榆性涩，能凉血止血、解毒敛疮。金银花性寒，擅清解邪热、活血，二药合用具有活血解毒、滋阴降火的功效，可用于治疗气血郁滞所致的证候，如大肠痈。

三、金银花的方剂举例

（一）清营汤

药物组成：犀角（水牛角代替）30g，生地黄 15g，元参 9g，竹叶心 3g，麦冬 9g，丹参 6g，黄连 5g，金银花 9g，连翘 6g（《温病条辨》）。

功能主治：清营解毒，透热养阴。热入营分证，身热夜甚，神烦少寐，时有谵语，目常喜开或喜闭，口渴或不渴，斑疹隐隐，脉细数，舌绛而干。

用法用量：加水 8 杯，煮至约 3 杯。每天 1 剂，分 3 次服用。现代用法为：作汤剂，水牛角镑片先煎，后下余药。

（二）五味消毒饮

药物组成：金银花 15g，野菊花 6g，蒲公英 6g，紫花地丁 6g，紫背天葵子 6g（《医宗金鉴》）。

功能主治：清热解毒，消散疔疮。

用法用量：加水 1 碗，煎至约剩八成，加无灰酒（不放石灰的酒）半碗，再煮沸约 10 分钟，趁热服下，盖被发汗。

（三）清咽利膈散

药物组成：金银花 4.5g，防风 4.5g，荆芥 4.5g，薄荷

4.5g，桔梗 4.5g，黄芩 4.5g，黄连 4.5g，栀子 3g，连翘 3g，玄参 2.1g，大黄（煨）2.1g，芒硝 2.1g，牛蒡子 2.1g，甘草 2.1g（《外科理例》）。

功能主治：清咽利膈。内有积热，咽喉肿痛，痰涎壅盛，或胸膈不利，烦躁饮冷，大便秘结。

用法用量：水煎服。每天 1 剂，分 2 次服用。

（四）银花汤

1. 《竹林女科证治》卷三

药物组成：金银花 15g，黄芪（生）15g，当归 24g，甘草 6g，枸橘叶（即臭橘叶）50 片。

功能主治：乳岩，积久渐大，巉岩色赤出水，内溃深洞。

用法用量：水酒各半煎服。

2. 干祖望方

药物组成：金银花 10g，山豆根 10g，蚤休 10g，天花粉 10g，浙贝母 10g，白芷 10g，防风 10g，赤芍 10g，制乳香 3g，制没药 3g，甘草 3g。

功能主治：清热解毒，消肿止痛。主热毒上壅，搏结于咽喉。

用法用量：水煎服。每天 1 剂，分 2 次服用。

（五）双解汤

药物组成：金银花 15g，蒲公英 15g，桑白皮 9g，天花粉 9g，黄芩 9g，荆芥 9g，防风 9g，龙胆草 9g，甘草 3g，枳壳 6g（《庞赞襄主任医师验方》）。

功能主治：肝胆内热、外受风邪之角膜溃疡。

用法用量：水煎服。每天 1 剂。

（六）仙方活命饮

药物组成：白芷 3g，贝母 3g，防风 3g，赤芍药 3g，当归尾 3g，甘草节 3g，皂角刺（炒）3g，穿山甲（炙）3g，天花粉 3g，乳香 3g，没药 3g，金银花 9g，陈皮 9g（《校注妇人良方》）。

功能主治：清热解毒，消肿溃坚，活血止痛。用于阳证痈疡肿毒初起。红肿灼痛，或身热凛寒，苔薄白或黄，脉数有力。

用法用量：用酒一大碗，煎煮约一刻钟，服用。现代用法为，水煎服，或水酒各半煎服。

（七）清络饮

药物组成：荷叶 6g，金银花 6g，丝瓜络 6g，西瓜翠衣

6g，扁豆花 6g，淡竹叶心 6g（《温病条辨》）。

功能主治：祛暑清热。主治暑温经发汗后，暑证悉减，但头微胀，目不了了，余邪未解者，或暑伤肺经气分之轻证。

用法用量：加水 2 杯，煮至约 1 杯。每天 1 剂。

（八）归灵内托散

药物组成：川芎 3g，当归 3g，白芍 3g，熟地黄 3g，薏苡仁 3g，木瓜 3g，防己 3g，天花粉 3g，金银花 3g，白鲜皮 3g，人参 3g，白术 3g，甘草 1.5g，威灵仙 1.8g，牛膝 1.5g，土茯苓 60g（《医宗金鉴》）。

功能主治：补元益气，清热除湿，通络活血。用于杨梅疮，不问新久，但元气虚弱者。

用法用量：加水 3 杯，煮至约 2 杯。每天 1 剂，分 2 次服用。

（九）五神汤

药物组成：茯苓 30g，金银花 90g，牛膝 15g，盐车前子 30g，紫花地丁 30g（《洞天奥旨》）。

功能主治：清热利湿，解毒消肿。主治湿热壅结之多骨痈，腿痈，委中毒，下肢丹毒等。

用法用量：水煎服。每天 1 剂。

（十）桔梗杏仁煎

药物组成：桔梗 3g，苦杏仁 3g，甘草 3g，阿胶 6g，金银花 6g，麦冬 6g，百合 6g，夏枯草 6g，连翘 6g，浙贝母 9g，枳壳 4.5g，红藤 9g（《景岳全书》）。

功能主治：润肺止咳。用于咳嗽吐脓，痰中带血，或胸膈隐痛，将成肺痈者。

用法用量：加水 2 杯，煎至约剩八成，空腹服用。

四、金银花的食疗

（一）金银花粥

主要材料为金银花、白米，具有清热解毒的功效，可用来防治中暑、各种热毒疮疡、咽喉肿痛、风热感冒等疾病。将金银花择洗干净，放入锅中，加清水适量，浸泡 5~10 分钟后，水煎取汁，加大米煮粥，待熟时调入白糖，再煮一、二沸，即成，每天 1~2 剂，连续 3~5 天。

（二）双花饮

主要原料有金银花、山楂、蜂蜜。首先将金银花择选干净，用水淘洗后放在洁净的锅内，山楂择选后洗净，一同放在锅里，注入清水（约300ml），用文火烧沸约半小时，即可起锅，滤出煎液待用。然后将蜂蜜倒入干净的锅内，用文火加热保持微沸，炼至色微黄，黏手成丝即成。最后将炼制过的蜂蜜缓缓倒入熬成的汁内，搅拌均匀，待蜂蜜全部溶化后，用二层纱布过滤去渣，冷却后即成。金银花能解暑热、清头目，配山楂消饮食，通血脉又增酸味，加入蜂蜜加营养，补中气又合甜酸，用于伤暑身热、烦渴、咽痛等症。可作高血压、高脂血症、冠心病、痢疾、化脓性感染患者之饮料，更是夏季优良的清凉饮料。

（三）金银花酒

主要原料是纯粮酒、金银花、山楂、枸杞，具有清热解毒的功效，用于治疗疮肿、肺痈，肠痈。取金银花、山楂、枸杞，加两碗水煎煮，煎至半碗煎液，再加入半碗酒，略煎，分3份，分别于早、午、晚服用，症状较重者一天2剂（图3-2）。

图3-2 金银花酒（纯粮酒、金银花、山楂、枸杞）

（四）金银花凉茶

主要原料为金银花、昆仑雪菊、桑叶、淡竹叶等。该药膳性甘寒气芳香，甘寒清热而不伤胃，芳香透达又可祛邪，既能宣散风热，还善清解血毒，用于各种热性病，均效果显著。但不适宜阳虚体质的人服用，且饮用时应节制有度。

（五）绿豆银花汤

主要原料为绿豆、金银花、红糖。先将金银花煎水，去渣，加入绿豆煮至熟烂，再加入红糖，饮汤食豆。具有解毒消炎的功效，主要治疗口疮实症。

（六）金银花茶

金银花茶具有清热解毒、通经活络、护肤美容的功效，能降压、降低血清胆固醇，增加冠脉血流量，预防冠心病和心绞痛，抑制脑血栓形成，改善微循环，清除过氧化脂肪沉积，促进新陈代谢，延缓衰老，润肤祛斑。由于金银花药性偏寒，不适合长期饮用，仅适合在炎热的夏季饮用，且虚寒体质及月经期内不能饮用，脾胃虚弱者亦不宜常用。金银花茶市售包装见图3-3。

图 3-3　市售金银花茶

五、与其他药物的拮抗作用

（一）金银花与海螵蛸

海螵蛸中含有丰富的钙质，会与金银花中的绿原酸类成分发生络合，影响吸收，降低疗效。

（二）金银花与滑石

滑石为硅酸盐类滑石族矿物，含有大量镁离子，可同金银花中的有效成分发生络合，影响吸收，降低疗效。

（三）金银花与菌类制剂

金银花具有较强抗菌作用，能抑制菌类制剂（如合生元等）的活性。

六、临床药师的用药经验

（一）治疗上呼吸道感染

金银花中含有有机酸类化合物，其中绿原酸为其有效成分之一，能够有效抑制合胞病毒或柯萨奇病毒等。用金银花30g，贯众20g，大青叶15g，荆芥、防风、薄荷各9g，生甘草6g，水煎3次，合并煎液，每天2～3次，口服，应用于上呼吸道感染的治疗，能有效缓解鼻塞、发热等症状。银黄口服液和金银花颗粒为临床常用的治疗上呼吸道感染的中药制剂，具有退热时间减少、症状体征消失或减轻明显加快的优点。

（二）治疗咽喉炎

在临床实践过程中发现，金银花解热消炎的功效极为显著，药效与地塞米松等抗炎药物作用相似。取金银花、麦冬、桔梗、乌梅、甘草各10g，开水浸泡，作茶饮，对治疗急慢性咽喉炎均有疗效。采用金银花胶囊对60例慢性咽炎患者进行治疗，总有效率高达90%，充分证实金银花具有清咽利喉、解热消炎的作用。

（三）治疗细菌性痢疾

细菌性痢疾是肠道传染病的一种。金银花属于广谱类抗菌药物，其中含有的有机酸类物质（如绿原酸）是主要作用成分，对多种细菌具有显著抑制作用。除此之外，还具有清热解毒、凉血止痢的功效。金银花10g，黄芩10g，黄连3g，水煎服，每日1剂。或取金银花焙焦存性，白痢以红砂糖水，赤痢以白蜜水调服，一次15g，一日2次。除此之外，用忍冬藤60g水煎服，每日1剂，治菌痢、肠炎亦有良效。临床常用的中成药有清热消炎合剂、金菊五花茶颗粒剂、湿热片（散）、金银花注射液等。

（四）治疗钩端螺旋体病

钩端螺旋体会产生毒素、导致患者发热、全身出现中毒症状，而金银花能够降解毒素，改善患者中毒症状，减轻病毒对人体造成的器官功能和形态的损害，使发热患者退热，是治疗钩端螺旋体病的良药。可用金银花、连翘各30g，白茅根30g，黄芩18g，藿香12g，栀子15g，淡竹叶（或竹叶卷心）12g，通草9g，加水煎取汁，每隔4小时服用1次。退烧后，可每隔6小时服用1次，每次150ml，连续服用3～5日。临床上以金银花配伍连翘、黄芩制备成合剂，治疗流感伤寒型钩体病有较好的疗效；金银花配伍千里光制备成金九注射液或者片剂，则对不同类型的钩体病如肺出血型、黄疸出血型等均有良好的疗效。

（五）治疗乳腺炎

乳腺炎属于中医当中的"乳痈"，由产后饮食不节、过食肥甘厚味所致。金银花具有行气活血、清热解毒的功效，故对乳腺炎患者有较好的治疗作用。急性乳腺炎，久破不愈合可用 5 种方子：①金银花 15g，熟地黄 9g，白芍 6g，当归 9g，川芎 6g，党参 9g，白术 9g，生黄芪 18g，赤茯苓 9g，甘草 6g。每日一剂，水煎，分 2 次服。②金银花、野菊花、海金沙、马兰、甘草各 10g，大青叶 30g，水煎服，每日 1 剂。③金银花 30g，生甘草 15g，皂角刺 12g，鹿角片 10g，加白酒 50ml，水煎煮。④金银花、当归、黄芪（蜜炙）、甘草各 7.5g，水煎，加酒半杯，饭后温服。⑤金银花 16g，蒲公英 12g，土贝母 9g，生甘草 6g，水煎服。

（六）治疗荨麻疹

①鲜金银花 30g，水煎服或用没银煎液（含有金银花、没药）治疗。②忍冬藤 30g，虎耳草 10g，路路通 30g，水煎服，每日 1 剂。临床常用中药制剂有复方疮疡搽剂、消炎杀

菌中药复方外用涂敷液等。

（七）治疗疮疡、乳痈

《滇南本草》提道："金银花清热，解诸疮，痈疽发背，丹毒瘰疬。"金银花30g，白芷9g，丹参、当归各12g，甘草6g。病轻者日服1剂，重者2剂。疮痈初起，伴有寒热，加白菊花、荆芥各9g；伴高热者，加生石膏20g，大青叶15g；痈将化脓，加穿山甲、皂荚刺各9g；化脓后伤口不愈者，加生黄芪15g；乳腺炎加蒲公英20g，橘叶5片；疗疮加蒲公英、紫花地丁、野菊花各15g；毒疮加土茯苓、千里光各15g。临床选择金银花颗粒对脓疱疮患儿进行治疗，可明显改善患儿的皮损症状。

（八）治疗骨髓炎

金银花具有较强的抗菌作用，对多种细菌及真菌都有较强的抑制作用，且能清热凉血、解毒消肿。骨髓炎是由化脓性细菌侵入人骨组织引起的化脓性疾病，容易引起败血症、脓毒血症等并发症，危害患者生命，其邪气主要与热毒有关，属于中医上骨疽的范畴，治疗上强调以清热凉血为主。因此，金银花是治疗骨髓炎药方中不可或缺的一味中药。

临床常用的五味消毒饮，即金银花、黄芪、芒硝各

20g，蒲公英、陈皮、木香各 15g，鱼腥草 25g，大黄（后下）30g，山楂 12g，神曲 9g；患肢肿甚者加穿山甲、皂角刺；偏于寒者加羌活、独活、川芎；成脓期加穿山甲、皂角刺；体弱者可加党参、熟地黄、当归等。溃后期用加减托里消毒散，即当归、穿山甲、金银花各 15g，生黄芪 20g，川芎 12g，皂角刺、白芷各 9g，甘草 6g。中成药中骨髓炎片对于骨髓炎的治疗效果良好。

七、金银花的禁忌证

（一）月经期间慎服

金银花味甘、性寒，月经期女性长期服用，可能会引起痛经或经血不畅。

（二）脾胃虚寒者慎服

金银花性味寒凉，会影响脾胃的运化。脾胃虚弱者服用会加重脾胃负担，使体质变得更虚，不利于身体健康。

（三）泡水隔夜忌服用

金银花含有机酸，容易跟水中的矿物质络合成难溶性的矿物盐，所以隔夜之后最好不要服用。

（四）乙肝患者不宜长期服用

乙肝患者常出现食欲不振、恶心、厌油、上腹部不适、腹胀等症状。长期服用金银花，容易加重肠胃不适的症状，进一步引发肠鸣、腹痛、腹泻等。

（五）疮疡属阴症者慎服

金银花性味寒凉，慢性肿疡和溃疡症属阴症的患者应慎服，以免用寒凉药治寒性病，加重病情。

（六）婴幼儿应在医师指导下服用

婴幼儿的肠胃功能不健全，服用寒性的金银花容易影响肠胃功能，引起消化不良等副作用。

八、不良反应及处理方法

（一）双黄连注射液不良反应及处理方法

近年来，双黄连注射液临床应用较为广泛，其不良反应的相关报道亦逐年增加。常见不良反应类型有皮疹、腹泻、腹痛、呕吐、皮肤瘙痒、头晕及胸闷等，偶尔发生过敏性休克。据统计，不良反应中以皮疹最为常见，多数发生在头面部，呈单一或多个斑丘疹，少数为全身皮肤风团，极少数为红色斑丘疹。其次为腹痛、腹泻，但相对皮疹来说要少见得多。双黄连注射液的不良反应主要与药物中的大分子量成分易致过敏反应有关，具体机制尚不清楚。由于以皮疹为主的过敏反应较常见，且大多发生在半小时内或3~5天。因此，在最初用药的几天中应注意检查有无皮疹显现，一经发现应立即停药，皮疹大多于当天消失。如果皮疹伴腹痛、腹泻或明显瘙痒时，停药后应给予异丙嗪肌内注射或地塞米松静脉注射。一旦发生过敏性休克，除立即停药外，同时给予吸氧、静脉注射地塞米松和肌内注射肾上腺素，其休克症状多可迅速好转，预后尚好。

（二）银黄注射液不良反应及处理方法

银黄注射液使用较为广泛，其不良反应也多有研究。一般是过敏反应、过敏性休克等。有报道指出，患者因扁桃体炎肌内注射银黄注射液4ml治疗，出现脸色苍白、头晕恶心、咽部阻塞、呼吸困难、血压降低和心率加快等不良反应。出现此种情况后，应迅速给予吸氧，肌内注射盐酸肾上腺素0.5mg，并建立静脉通道，抗休克治疗。

（三）清热解毒注射液不良反应及处理方法

清热解毒注射液的不良反应一般是过敏反应。若患者出现面色苍白、口唇发绀、呼吸急促，继而出现四肢抽搐，立即给予吸氧，地塞米松 5mg 肌内注射，500g/L 葡萄糖注射液 20ml 加 100g/L 葡萄糖酸钙注射液 10ml 静脉推注，继用 50g/L 葡萄糖注射液 250ml 加维生素 C 2.0g，静脉滴注。

（四）维 C 银翘片不良反应及处理方法

维 C 银翘片的副作用分为两部分，一部分是中药的副作用，一部分是西药的副作用。具体来说，中药的副作用主要体现在不对症方面。风寒感冒不宜服用维 C 银翘片，否则会出现身体过于寒冷，表邪不能解除，反而使病情加重。西药方面的副作用主要体现为恶心、呕吐、出汗、腹痛、皮肤苍白等，少数患者会出现过敏性皮炎、皮肤瘙痒以及血小板减少、粒细胞减少，甚至肝损害等情况。如果在使用维 C 银翘片过程中有出血倾向或者出现皮肤瘀斑等，应尽早停药，并进行相关的检查，确定没有危险后，再考虑使用其他药物代替。

（五）小儿热速清颗粒不良反应及处理方法

患儿偶见皮疹、荨麻疹、药物热及粒细胞减少；可见困倦、嗜睡、口渴、虚弱感；长期大量用药会导致肝肾功能异常。停药后，身体会逐渐恢复正常。

（六）清热解毒口服液不良反应及处理方法

不良反应多为出现腹泻或者过敏的现象，还可能出现上腹闷痛等，停药后，不良症状会逐渐消失。过敏反应严重时，应及时停药，给予抗过敏药物治疗。

[1] 国家药典委员会.中华人民共和国药典：一部 [M].2020 年版.北京：中国医药科技出版社 , 2020.

[2] SHANG X, PAN H, LI M, et al. *Lonicera japonica* Thunb.: ethnopharmacology, phytochemistry and pharmacology of an important traditional Chinese medicine[J]. J Ethnopharmacol, 2011, 138(01): 1-21.

[3] 刘天亮 , 董诚明 , 齐大明 , 等 . 不同产地及加工方式金银花的质量评价 [J]. 中药材 , 2020(03): 582-586.

[4] 王雨田 , 何玉成 , 闫桂权 , 等 . 我国中药材产地市场整合研究 - 以金银花、枸杞子、板蓝根和太子参为例 [J]. 中草药 , 2020, 51(06): 1669-1676.

[5] 蔡芷辰 , 刘训红 , 王程成 , 等 . 金银花分子生物学研究进展 [J]. 中国中药杂志 , 2020, 45(06): 1272-1278.

[6] 武亚楠 . 巨鹿金银花产业链及产业链融资的 SWOT 分析 - 基于普惠金融视角 [J]. 当代农村财经 , 2020(01): 23-27.

[7] 张欣荣 , 李越 , 许蕊蕊 , 等 . Box-Behnken 响应面法优选蜜炙金银花炮制工艺及其药效学 [J]. 医药导报 , 2020, 39(01): 96-100.

[8] 沈植国 , 刘云宏 , 王玮娜 , 等 . 金银花栽培关键技术 [J]. 河南林业

科技, 2019, 39(04): 48-51.

[9] 林永强, 郭东晓. 金银花与山银花的性状和显微特征差别 [N]. 中国医药报, 2019-11-11(03).

[10] 李哲, 赵振华, 玄静, 等. 金银花干燥加工研究进展 [J]. 辽宁中医药大学学报, 2019, 21(08): 156-159.

[11] 黄璐琦, 陈随清. 金银花生产加工适宜技术 [M]. 北京: 中国医药科技出版社, 2018.

[12] 林永强. 金银花药材及其制剂质量控制技术研究 [D]. 济南: 山东大学, 2019.

[13] 高军霞. 金银花优良品种及其优质高产栽培技术 [J]. 乡村科技, 2019(13): 90-91.

[14] 董香英, 董淑红. 金银花栽培技术 [J]. 河北农业, 2019(03): 8-9.

[15] 尚庆文, 于盰, 梁呈元, 等. 加工方法对金银花质量的影响 [J]. 中国现代中药, 2019, 21(01): 76-81.

[16] 吴娇, 王聪, 于海川. 金银花中的化学成分及其药理作用研究进展 [J]. 中国实验方剂学杂志, 2019, 25(04): 225-234.

[17] 肖美凤, 刘文龙, 周晋, 等. 金银花和山银花的研究现状及质量控制的关键问题 [J]. 中草药, 2018, 49(20): 4905-4911.

[18] 李恒. 金银花的采收加工及储藏 [J]. 农村百事通, 2018(19): 41-42.

[19] GE L, XIAO L, WAN H, et al. Chemical constituents from *Lonicera japonica* flower buds and their anti-hepatoma and anti-HBV activities[J]. Bioorg Chem, 2019, 92: 103-198.

[20] 崔永霞, 李会, 吴明侠, 等. 星点设计 - 效应面法优化金银花炭炮制工艺 [J]. 中国医院药学杂志, 2018, 38(18): 1931-1935.

[21] 刘玉峰，李鲁盼，马海燕，等．金银花化学成分及药理作用的研究进展 [J]．辽宁大学学报 (自然科学版)，2018, 45(03): 255-262.

[22] 吴鹏辉，稂晓嘉，邱瑜．金银花干燥加工现状及展望 [J]．南方农机，2018, 49(09): 6-7.

[23] 谭政委，夏伟，余永亮，等．金银花化学成分及其药理学研究进展 [J]．安徽农业科学，2018, 46(9): 26-28.

[24] 朱凤洁，张山山，袁媛，等．金银花种质资源 DNA 身份证构建及遗传相似性分析 [J]．中国中药杂志，2018, 43(09): 1825-1831.

[25] 王鹏思，王玉洁，薛健，等．溴氰菊酯和氟啶虫胺腈两种农药分别对金银花品质的影响 [J]．中国现代中药，2017, 19(12): 1728-1731.

[26] 王鹏思，薛健，侯少岩，等．虫螨腈在中药材金银花上的残留检测方法与消解动态研究 [J]．中国药学杂志，2020, 55(1): 58-61.

[27] 刘蔚霞，刘超，王宁宁，等．鲁中地区金银花高产栽培技术 [J]．农业科技通讯，2017(08): 308-310.

[28] 范文昌．封丘金银花 [M]．北京：中医古籍出版社，2014.

[29] 朱建光，葛秀允．正交设计法优选金银花炭炮制工艺研究 [J]．上海中医药杂志，2017, 51(07): 91-94+98.

[30] 赵子军．2017 中国 (平邑) 金银花产业标准化发展论坛成功举行 [J]．中国标准化，2017(11): 30.

[31] 王红雨．金银花栽培技术 [J]．乡村科技，2016(32): 1.

[32] 王玉洁，李嘉欣，薛健，等．金银花种植中溴氰菊酯的使用及膳食风险评估 [J]．中国实验方剂学杂志，2017, 23(15): 41-45.

[33] 李海燕．金银花的药用成分及药理分析 [J]．海峡药学，2017, 29(04): 46-47.

[34] 马双成，魏锋. 实用中药材传统鉴别手册（第一册）[M]. 北京：人民卫生出版社，2019.

[35] 熊飞. 九丰一号金银花栽后管理技术 [J]. 科学种养，2016(11): 17-18.

[36] 赵媛媛，杨倩茹，郝江波，等. 金银花与忍冬藤及叶药理作用差异的研究进展 [J]. 中国中药杂志，2016, 41(13): 2422-2427.

[37] 倪荣，张丽，郭绍芬，等. 平邑不同区域金银花各部位及土壤中 5 种重金属元素含量测定 [J]. 安徽农业科学，2016, 44(13): 59-60.

[38] 顾炎，薛健，金红宇，等. GC-ECD 法分析金银花中有机氯和拟除虫菊酯类农药的残留状况 [J]. 中成药，2016, 38(06): 1325-1329.

[39] 梁金良. 13 种中药材中农药残留检测方法的研究及重金属的含量测定 [D]. 贵阳：贵州医科大学，2016.

[40] ZHAO Y, DOU D, GUO Y, et al. Comparison of the trace elements and active components of Lonicera japonica flos and Lonicera flos using ICP-MS and HPLC-PDA[J]. Biol Trace Elem Res, 2018, 183(02): 379-388.

[41] 何清彦. 10 种药食两用中药材外源性有毒有害物质残留研究 [D]. 长沙：湖南中医药大学，2016.

[42] 刘青芝，王立国，崔伟亮，等. HPLC-ELSD 法检查抗感颗粒中山银花皂苷类成分 [J]. 药学研究，2016, 35(04): 205-208.

[43] 刘佳，张静茹，李卫东，等. 花蕾期延长型金银花化学组分及主要药效成分含量变化研究 [J]. 中医药信息，2016, 33(02): 16-19.

[44] 刘菁. 金银花种植技术要点 [J]. 河北农业，2016(1): 9-10.

[45] 张谦，刘延刚，丁文静，等. 临沂市中药材产业化现状及可持续发

展对策 [J]. 农业科技通讯 , 2015(12): 17-19.

[46] 郭东晓 , 林林 , 汪冰 , 等 . HPLC 波长切换法同时测定抗感颗粒中 7 个成分的含量 [J]. 药物分析杂志 , 2015, 35(10): 1796-1800.

[47] 王勖 . 中药金银花药用成分及药理作用分析 [J]. 亚太传统医药 , 2015, 11(18): 30-31.

[48] 向明 , 曾婉俐 , 田丽梅 , 等 . 9 个产地金银花中 6 种重金属含量的分析 [J]. 中国农学通报 , 2015, 31(17): 75-79.

[49] 史国生 , 林永强 , 徐丽华 , 等 . HPLC 法同时测定银黄颗粒中 6 个咖啡酰奎宁酸 [J]. 中成药 , 2015, 37(2): 311-315.

[50] 康帅 , 张继 , 王亚丹 , 等 . 金银花与山银花的生药学鉴别研究 [J]. 药物分析杂志 , 2014, 34(11): 1913-1921.

[51] 康帅 , 张继 , 魏爱华 , 等 . 金银花的本草再考证 [J]. 药物分析杂志 , 2014, 34(11): 1922-1927.

[52] 王亚丹 , 杨建波 , 戴忠 , 等 . 中药金银花的研究进展 [J]. 药物分析杂志 , 2014, 34(11): 1928-1935.

[53] 孙磊 , 金红宇 , 王莹 , 等 . 高效液相色谱串联质谱法测定人参和金银花中 103 种农药残留 [J]. 药物分析杂志 , 2012, 32(11): 2017-2024.

[54] 金红宇 , 王莹 , 兰钧 , 等 . 气相色谱 - 质谱联用法测定金银花中 192 种农药多残留 [J]. 中国药学杂志 , 2012, 47(08): 613-619.

[55] 马双成 , 刘燕 , 毕培曦 , 等 . 金银花药材中抗呼吸道病毒感染的黄酮类成分的定量研究 [J]. 药物分析杂志 , 2006, 26(04): 426-430.

[56] 马双成 , 毕培曦 , 黄荣春 , 等 . 金银花药材中抗呼吸道病毒感染的咖啡酰奎宁酸类成分的定量研究 [J]. 药物分析杂志 , 2005, 25(07): 751-755.

金银花（未开放）

灰毡毛忍冬花蕾

盘叶忍冬（周重建摄）

金银花（初开）

金银花（初开的白色花）

盛开的灰毡毛忍冬花

金银花（杨馨摄）

红腺忍冬（樊立勇摄）

华南忍冬（樊立勇摄）

图书在版编目（CIP）数据

探秘金银花 / 林永强，康帅主编. — 北京：人民卫生出版社，2021.10（2022.8重印）
ISBN 978-7-117-32270-6

Ⅰ.①探… Ⅱ.①林… ②康… Ⅲ.①忍冬－介绍 Ⅳ.①S567.7

中国版本图书馆 CIP 数据核字（2021）第 210699 号

人卫智网	www.ipmph.com	医学教育、学术、考试、健康，购书智慧智能综合服务平台
人卫官网	www.pmph.com	人卫官方资讯发布平台

探秘金银花
Tanmi Jinyinhua

主　　编：林永强　康　帅
出版发行：人民卫生出版社（中继线 010-59780011）
地　　址：北京市朝阳区潘家园南里 19 号
邮　　编：100021
E - mail：pmph @ pmph.com
购书热线：010-59787592　010-59787584　010-65264830
印　　刷：北京顶佳世纪印刷有限公司
经　　销：新华书店
开　　本：850×1168　1/32　印张：6
字　　数：105 千字
版　　次：2021 年 10 月第 1 版
印　　次：2022 年 8 月第 2 次印刷
标准书号：ISBN 978-7-117-32270-6
定　　价：46.00 元

打击盗版举报电话：010-59787491　E-mail：WQ @ pmph.com
质量问题联系电话：010-59787234　E-mail：zhiliang @ pmph.com

55检